高等职业教育系列教材

4G 基站建设与维护

主　编　姚　伟
参　编　张智慧　黄一平

机 械 工 业 出 版 社

本书以4G通信技术TD-LTE（Time Dirision-Long Term Erolution，分时分期演进）为基础，采用项目教学的方式，选取了华为和中兴TD-LTE的eNodeB设备，通过具体项目，全面、细致地讲解基站的硬件结构、开通配置、设备维护等内容。本书共分为7个项目，分别为项目1 4G移动通信基础，项目2 移动通信工程勘察，项目3 中兴TD-LTE基站设备硬件结构与安装，项目4 中兴TD-LTE基站设备开通配置，项目5 华为TD-LTE基站设备硬件结构，项目6 华为TD-LTE基站设备开通配置，项目7 基站设备维护。通过完成这7个项目，读者能够对4G基站设备进行基本配置与维护，能够掌握移动通信工程勘察，基站设备硬件结构，基站设备开通配置与测试，基站设备维护等内容，本书旨在培养能够完成4G基站建设与维护的高素质技能型人才，使其掌握通信基站一线工程与维护的技能，并符合现场维护规范化要求。

本书内容丰富，深入浅出地讲解了移动通信理论的基本概念。4G基站设备介绍与工程建设和维护结合具体设备与企业工程仿真教学软件进行，基于工作过程和工程实际情况，实践性较强。

本书可作为高职高专院校的电子、通信及相关专业开展4G通信教学的专业课教材，也可作为感兴趣的专业人士、工程技术人员的参考书。

本书配有授课电子课件，需要的教师可登录 www.cmpedu.com 免费注册，审核通过后下载，或联系编辑索取（QQ：1239258369，电话：010-88379739）。

图书在版编目（CIP）数据

4G基站建设与维护 / 姚伟主编. —北京：机械工业出版社，2015.7（2021.2重印）

高等职业教育系列教材

ISBN 978-7-111-50749-9

Ⅰ. ①4… Ⅱ. ①姚… Ⅲ. ①无线电通信－移动通信－通信技术－高等职业教育－教材 Ⅳ. ①TN929.5

中国版本图书馆CIP数据核字（2015）第149540号

机械工业出版社（北京市百万庄大街22号 邮政编码100037）
策划编辑：王 颖　　责任编辑：王 颖
责任校对：张艳霞　　责任印制：常天培

涿州市般润文化传播有限公司印刷

2021年2月第1版・第4次印刷
184mm×260mm・11.25印张・271千字
6301－7100册
标准书号：ISBN 978-7-111-50749-9
定价：45.00元

电话服务
客服电话：010-88361066
010-88379833
010-68326294

网络服务
机 工 官 网：www.cmpbook.com
机 工 官 博：weibo.com/cmp1952
金 书 网：www.golden-book.com
机工教育服务网：www.cmpedu.com

高等职业教育系列教材

电子类专业编委会成员名单

出版说明

《国家职业教育改革实施方案》（又称“职教 20 条”）指出：到 2022 年，职业院校教学条件基本达标，一大批普通本科高等学校向应用型转变，建设 50 所高水平高等职业学校和 150 个骨干专业（群）；建成覆盖大部分行业领域、具有国际先进水平的中国职业教育标准体系；从 2019 年开始，在职业院校、应用型本科高校启动“学历证书+若干职业技能等级证书”制度试点（即 1+X 证书制度试点）工作。在此背景下，机械工业出版社组织国内 80 余所职业院校（其中大部分院校入选“双高”计划）的院校领导和骨干教师展开专业和课程建设研讨，以适应新时代职业教育发展要求和教学需求为目标，规划并出版了“高等职业教育系列教材”丛书。

该系列教材以岗位需求为导向，涵盖计算机、电子、自动化和机电等专业，由院校和企业合作开发，多由具有丰富教学经验和实践经验的“双师型”教师编写，并邀请专家审定大纲和审读书稿，致力于打造充分适应新时代职业教育教学模式、满足职业院校教学改革和专业建设需求、体现工学结合特点的精品化教材。

归纳起来，本系列教材具有以下特点：

1）充分体现规划性和系统性。系列教材由机械工业出版社发起，定期组织相关领域专家、院校领导、骨干教师和企业代表召开编委会年会和专业研讨会，在研究专业和课程建设的基础上，规划教材选题，审定教材大纲，组织人员编写，并经专家审核后出版。整个教材开发过程以质量为先，严谨高效，为建立高质量、高水平的专业教材体系奠定了基础。

2）工学结合，围绕学生职业技能设计教材内容和编写形式。基础课程教材在保持扎实理论基础的同时，增加实训、习题、知识拓展以及立体化配套资源；专业课程教材突出理论和实践相统一，注重以企业真实生产项目、典型工作任务、案例等为载体组织教学单元，采用项目导向、任务驱动等编写模式，强调实践性。

3）教材内容科学先进，教材编排展现力强。系列教材紧随技术和经济的发展而更新，及时将新知识、新技术、新工艺和新案例等引入教材；同时注重吸收最新的教学理念，并积极支持新专业的教材建设。教材编排注重图、文、表并茂，生动活泼，形式新颖；名称、名词、术语等均符合国家有关技术质量标准和规范。

4）注重立体化资源建设。系列教材针对部分课程特点，力求通过随书二维码等形式，将教学视频、仿真动画、案例拓展、习题试卷及解答等教学资源融入到教材中，使学生学习课上课下相结合，为高素质技能型人才的培养提供更多的教学手段。

由于我国高等职业教育改革和发展的速度很快，加之我们的水平和经验有限，因此在教材的编写和出版过程中难免出现疏漏。恳请使用本系列教材的师生及时向我们反馈相关信息，以利于我们今后不断提高教材的出版质量，为广大师生提供更多、更适用的教材。

机械工业出版社

前　言

在通信的发展历史上，特别是近 20 年来，移动通信系统的发展及更新换代非常迅速。我国工业和信息化部已经正式发放第四代移动通信（4G）运营牌照，2013 年 12 月 4 日，工业和信息化部向中国移动、中国电信和中国联通发放 TD-LTE 牌照。2015 年 2 月 27 日，工业和信息化部向中国电信和中国联通发放 FDD-LTE（其中，FDD 为 Frequency Division Duplex 的缩写，即频与双工）牌照。4G 在中国的商用日益广泛，4G 产业链日趋成熟。4G 相关的技术人才已经成为我国通信市场紧缺的人才种类之一，人才培养的紧迫性越来越严重。4G 产业的用人单位，如移动通信网络运营商、移动通信网络和终端设备制造商、各地规划设计院、网络规划和优化公司、设计公司、移动通信设备维修公司和数据业务增值服务提供商等都急需大批各层次的 4G 技术人才。

本书在通俗易懂地介绍 4G 技术的基础上，着重介绍 4G 基站系统的建设与维护。4G 技术知识内容以基站建设与维护实操过程中所需理论为度。4G 基站建设与维护的实践操作充分体现任务引导、实践导向的思想，采用项目任务的学习模式，覆盖设备结构、系统开通配置等相关知识，多项任务层层分解进行说明。

本书包括 7 个项目，主要针对中兴通讯股份有限公司和华为通信技术有限公司的基站设备，通过中兴 TD-LTE 基站、华为 TD-LTE 基站等实际设备，全面介绍了 4G 基站建设与维护的过程，并结合了中兴、华为提供的 TD-LTE 实验仿真教学软件进行说明，重点突出了工程勘察、设备结构、开通配置等内容。

通过完成这 7 个项目，读者能够对 4G 基站设备进行基本配置与维护，能完成移动通信工程勘察，设备的全面认识、安装与检测，基站设备的开通配置与测试，基站设备的维护等内容。提高读者对 4G 通信系统的认识以及认识 4G 基站设备和进行基站设备操作维护的能力。7 个项目分别为项目 1 4G 移动通信基础，项目 2 移动通信工程勘察，项目 3 中兴 TD-LTE 基站设备硬件结构与安装，项目 4 中兴 TD-LTE 基站设备开通配置，项目 5 华为 TD-LTE 基站设备硬件结构，项目 6 华为 TD-LTE 基站设备开通配置，项目 7 基站设备维护。

本书由北京信息职业技术学院姚伟任主编，张智慧、黄一平参加编写。其中，项目 1，由张智慧编写，项目 2、3、4、5、6 由姚伟编写，项目 7 由黄一平编写。

本书可作为高职高专院校的电子、通信及相关专业开展 4G 通信教学的专业课教材，也可作为感兴趣的专业人士、工程技术人员的参考书，教学时数建议为 90 学时。

在本书的编写和修订过程中，得到了中兴通讯 NC 学院、金戈大通通信有限公司等多家企业的大力支持，另有一些专家、学者对本书提出了许多宝贵的建议。编者在此向直接或间接为编写本书做出贡献的专家致以最真诚的谢意！

通信行业的技术是不断发展的，本书在内容上难免有疏漏之处，恳请读者批评指正。

编　者

目　录

项目1　4G移动通信基础

[背景]

在通信技术的发展历史上，移动通信的发展速度非常迅猛，特别是近几十年来，移动通信系统的发展及更新换代让人眼花缭乱。移动通信的最终目标是实现任何人在任何地点、任何时间与其他任何人进行任何方式的通信，只有移动通信才能最大限度满足人们日益增长的随时随地进行信息交流的需求。紧接第3代移动通信系统（3G）之后，第4代移动通信系统（4G）也已经投入商用。在介绍第4代移动通信系统的建设和维护之前，先让我们来简单回顾一下移动通信系统的基本原理和发展历程。

[目标]

1）了解移动通信的发展和分类。

2）掌握移动通信基础知识。

3）了解3G、4G主流国际标准。

4）熟悉TD-LTE通信系统的网络结构。

5）掌握TD-LTE通信系统物理层技术的特点。

6）了解FFD-LTE通信系统的基本原理。

1.1　移动通信原理

1.1.1　移动通信的定义

随着信息时代的来临，人们对通信方式、通信业务类型及通信效率都提出了更多的要求。数字电话、无线电话、手机和互联网等通信手段的日益丰富多样化，标志着通信技术正在向数字化、宽带化、智能化、综合化及个人化方向发展，标志着通信技术正在深刻地影响和改变人类的工作与生活方式。

按传输媒质的不同，通信可分为有线通信和无线通信。有线通信的传输媒质为电缆、光缆等。无线通信的传输媒质是看不见、摸不着的电磁波。无线通信系统基本结构如图1-1所示。信源提供需要传送的信息，变换器实现要传送的信息（如语音、图像、视频和数据等）与电信号之间的相互转换，发射机把电信号转换成高频振荡信号并由天线发射出去，无线信息传输的通道为无线信道，接收机从无线信道接收到高频振荡信号，变换器将该信号转换为原始电信号给信息的最终接收者——信宿。

常见无线通信形式有微波通信、短波通信、移动通信以及卫星通信等。移动通信无疑是通信领域中最具活力、最具发展前途的一种无线通信方式。

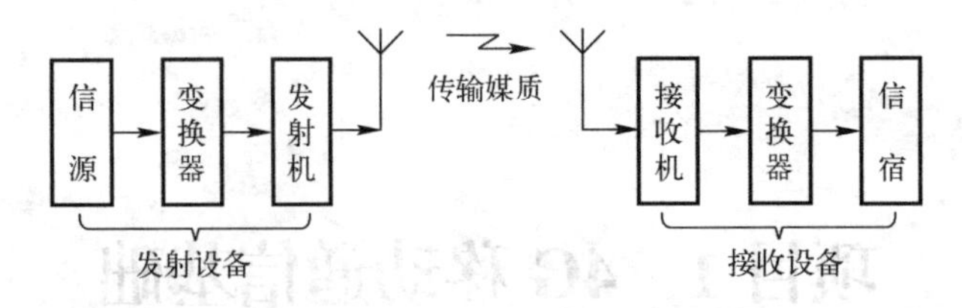

图 1-1　无线通信系统基本结构

移动通信指通信双方或至少一方可以在运动中进行信息交换的通信方式。例如：固定点与移动物体（车辆、船舶和飞机）之间、移动物体之间、移动的人与人之间以及人与移动体之间的通信，都属于移动通信范畴。

移动通信的应用系统包括：蜂窝式公用移动通信系统、集群调度移动通信系统、无绳电话系统、无线电寻呼系统、卫星移动通信系统和无线局域网/广域网。

按照不同的分类方式，移动通信有多种分类。

- 按使用环境分为：陆地通信、海上通信、空中通信。
- 按多址方式分为：频分多址（FDMA）、时分多址（TDMA）、码分多址（CDMA）。
- 按业务类型分为：电话网、数据网、综合业务网。
- 按工作方式分为：同频单工、双频单工、双频双工和半双工。
- 按信号形式分为：模拟网和数字网。
- 按服务范围分为：专用网和公用网。

1.1.2　移动通信系统的基本结构和特点

一个典型移动通信系统的基本结构如图 1-2 所示。一个典型的移动通信系统包括移动台（UE）、无线接入网和核心网三部分。

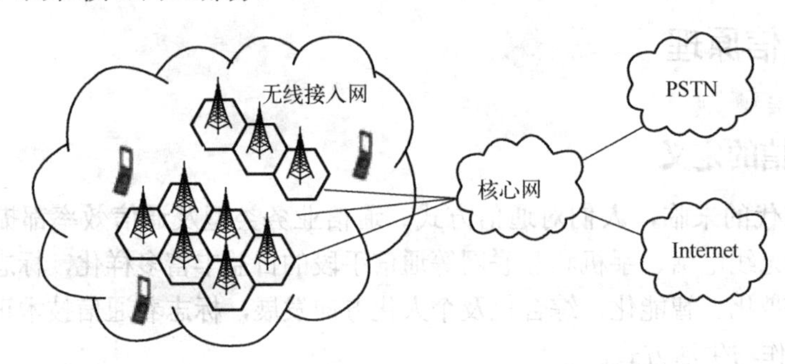

图 1-2　一个典型移动通信系统的基本结构

移动台即为 UE（User Equipment），通常所讲的手机用户就属于 UE。

无线接入网主要由基站和基站控制器组成。通常，UE 到基站部分是通过无线传输的，基站到控制器是通过光纤传输的。

核心网也称 CN（Core Nethork）可以控制和检测控制器下发给基站和 UE 的广播信息，控制器到核心网以光纤传输为主的（也有用同轴电缆）。

基站以典型的蜂窝式组网形成无线接入系统，移动用户终端通过无线接入的方式与基站之间完成信息的接收与发送。无线接入网与核心网通过中继线连接，从而实现整个服务区内任意两个移动用户之间的通信联系。核心网通过中继线与公众电话网、互联网等连接，提供更丰富的通信业务。

与传统电话网相比，移动通信具有以下特点：

1）移动性。要保持物体在移动状态中的通信，移动通信系统中用户与基站之间必须是无线通信，移动通信系统多为无线通信与有线通信的结合。

2）电波传输条件复杂。由于移动物体可能在各种环境中运动，电磁波在传播时会产生反射、折射、绕射和多普勒效应等现象，产生多径干扰、信号传播延迟和展宽等效应。

3）噪声与干扰严重。移动台所受到的噪声影响主要来自于城市噪声、各种车辆发动机点火噪声、微波炉干扰噪声以及各种工业噪声等。移动通信网是多频段、多移动台同时工作的通信系统，移动用户会受到互调干扰、邻道干扰、同频干扰等。

4）移动系统结构复杂。移动通信网络不仅要使用户之间互不干扰，能协调一致地工作。移动通信系统还应与市话网、卫星通信网及数据网等互联，故整个网络结构是很复杂的。

由于移动台在通信区域内随时运动，需要随机选用无线信道，进行频率和功率控制，地址登记、越区切换及漫游存取等跟踪技术。这就使其信令种类比固定网要复杂得多。在入网和计费方式上也有特殊的要求，所以移动通信系统是比较复杂的。

5）要求频带利用率高。由于移动通信可利用的频率资源有限，如何在有效的资源下提高通信系统的通信容量，始终是移动通信发展中的焦点。为了解决这一矛盾，一方面要开辟和启用新的频段；另一方面，要研究各种新技术和新措施，以压缩信号所占的频带宽度和提高频率利用率。

6）要求设备性能好。移动台长期处于不固定位置状态，外界的影响很难预料，如尘土、振动、碰撞和日晒雨淋，这就要求移动台具有很强的适应能力。此外，还要求移动台性能稳定可靠，携带方便、小型、低功耗及能耐高、低温等。同时，要尽量使用户操作方便，适应新业务、新技术的发展，以满足不同人群的使用。这给移动台的设计和制造带来很大困难。

7）提供业务种类丰富。目前移动业务逐步走向数据化和分组化，未来移动通信网络将是全 IP 网络，都需要使用移动 IP 技术支持。

1.1.3 移动通信的工作方式和多址技术

按照信息传输的方向，通信可分为单向通信和双向通信。单向通信中，信息的传送方向是单向的，即接收的只能接收，发送的只能发送，例如：广播、电视、无线寻呼等。双向通信中，信息双向传送，即通信双方都可以收、发信息。移动通信采用双向通信。

1．移动通信的工作方式

按照用户的通话状态和频率使用方法，移动通信的工作方式分为单工、半双工、全双工通信三种类型。

（1）单工方式

单工方式指消息只能单方向传输的工作方式。通信双方电台需要交替地进行收信和发信，即发送时不接收，接收时不发送。通信双方采用“按—讲”（Push To Talk，PTT）方式进行，属于点到点的通信，单工通信方式示意图如图 1-3 所示。根据收发频率的异同，单工通信可分为同频通信和异频通信。

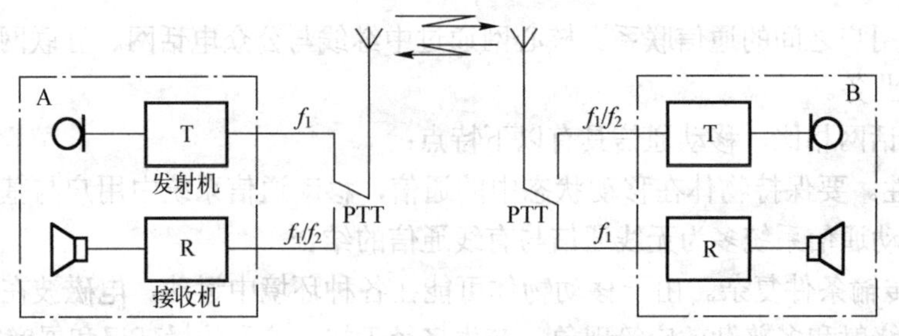

图 1-3　单工通信方式示意图

同频单工方式为通信 A、B 双方采用相同的工作频率 f_1。平时双方的接收机都处于守听状态，当 A 按下〈PTT〉键发起会话时，A 的发射机开始工作，同时 A 的接收机关闭，由于 B 处于守听状态，从而实现 A 对 B 的通信。同理，也可实现 B 对 A 的通信。

异频单工方式为通信 A、B 双方接收和发送采用不同的工作频率，A 发送和 B 接收采用工作频率 f_1，B 发送和 A 接收采用工作频率 f_2，即 A、B 接收和发送都使用不同的频率。

同频单工和异频单工相同之处在于，无论哪一方的发射机和接收机都是轮换工作。

（2）半双工方式

半双工方式指一方采用“按——讲”工作方式，另一方采用收发同时进行的通信方式。A 方采用单工方式，B 方采用双工方式，收发使用不同频率。半双工方式主要用于专业移动通信系统中，半双工通信方式示意图如图 1-4 所示。

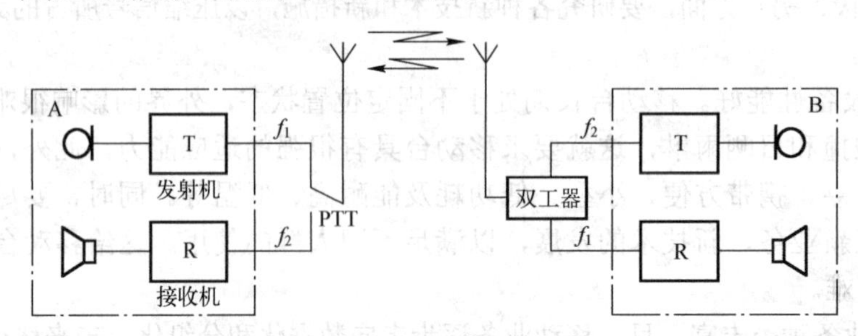

图 1-4　半双工通信方式示意图

（3）全双工方式

全双工方式指通信双方能够同时进行双向传送消息，即在通信的任意时刻，线路上可以同时存在 A 到 B 和 B 到 A 的双向信号传输。双工制包含频分双工（Frequency Division Duplexing，FDD）和时分双工（Time Division Duplexing，TDD）两种方式。

频分双工 FDD 中通信双方的收发频率分开，双方的收、发信机同时工作，接收设备通过滤波器分离各路信号，频分双工方式示意图如图 1-5 所示。

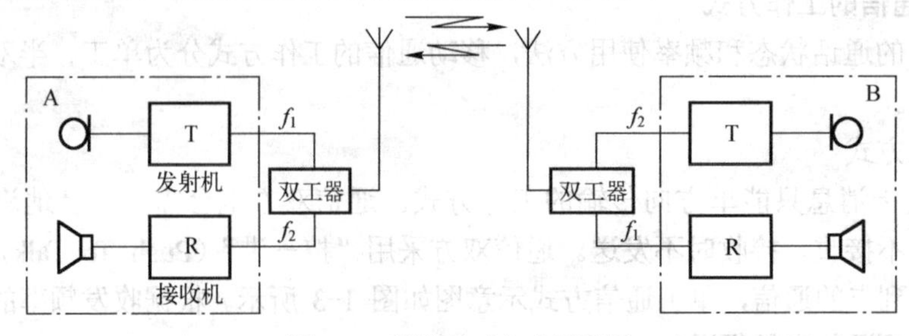

图 1-5　频分双工方式示意图

在时分双工 TDD 技术中收、发双方共用一个频率，但收、发采用不同时隙进行，收发信号通过开关来控制。

2．多址技术

在移动通信系统中，基站要和多个移动台同时通信，这就决定了基站需要多个信道，而每个移动台需要使用单独的信道，在移动台和基站间的大量的无线信号中如何识别每个用户的信息就必须使用多址技术，给每个用户不同的标识地址，以达到多个用户共享信道、动态分配网络资源的目的。

为了在接收端将不同路的信号区分开来，必须使不同路的信号具有不同的特征，常见的多址技术有频分多址（Frequency Division Multiple Access，FDMA），时分多址（Time Division Multiple Access，TDMA），码分多址（Code Division Multiple Access，CDMA）等。

频分多址（Frequency Division Multiple Access，FDMA）指不同的用户分配频率不同的信道，在通信的过程中，其他用户不能共享信道。FDMA 的信道表现为频段，如图 1-6 所示。为请求服务的每个用户指定一个特定的信道，即一对的频段，一个频段用作下行信道（或称为前向信道），用于基站向移动台方向；另一个频段用作上行信道（或称为反向信道），用于移动台向基站方向。FDMA 要求基站同时发射接收多个频率不同的信号。一般，下行信道占用较高的频带，上行信道占用较低的频带，中间是保护频带。

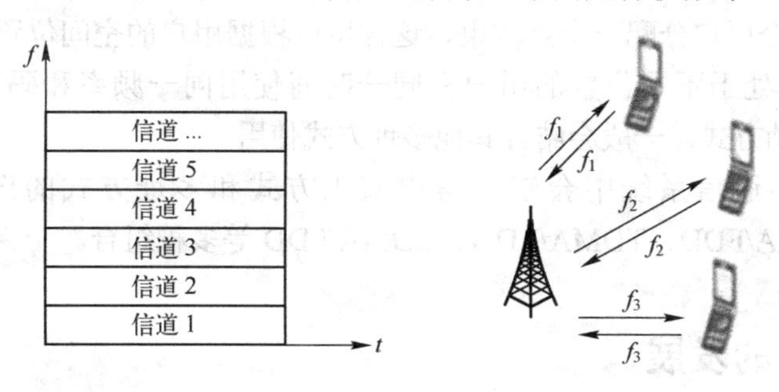

图 1-6　FDMA 示意图

时分多址（Time Division Multiple Access，TDMA）指一个无线载波上，把时间分成周期性的帧，每一帧再分割成若干个时隙，每个时隙就是一个信道，分配给用户，每个用户在每帧指定的时隙向基站发送信号，基站在各个时隙接收到多个用户的信号。基站按顺序在不同的时隙发送给各个用户的信号，用户在指定时隙接收。TDMA 的信道表现为时隙，不同的用户分配时隙不同的信道，TDMA 示意图如图 1-7 所示。

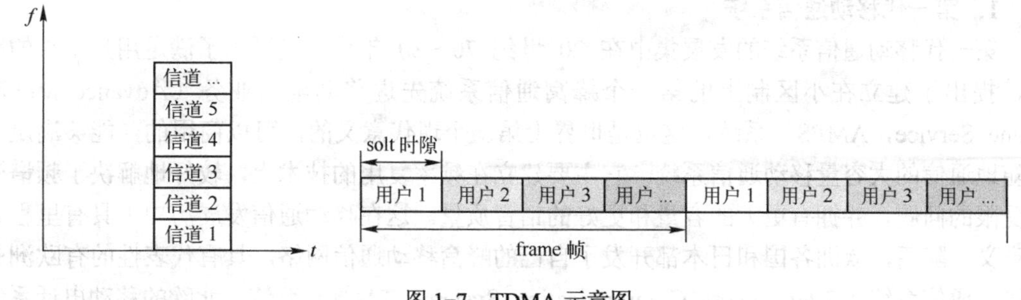

图 1-7　TDMA 示意图

码分多址（Code Division Multiple Access，CDMA）指不同的用户分配特定的地址码且这些地址码相互正交，利用公共信道传输信息，即传输的信息在频率、时间上可能重叠，要求接收端必须有完全一致的本地地址码来进行相关检测，其他使用不同码型的信号。因为和接收机本地产生的码型不同而不能被解调，它们的存在表现为背景噪声。CDMA 的信道表现为码型，如图 1-8 所示。

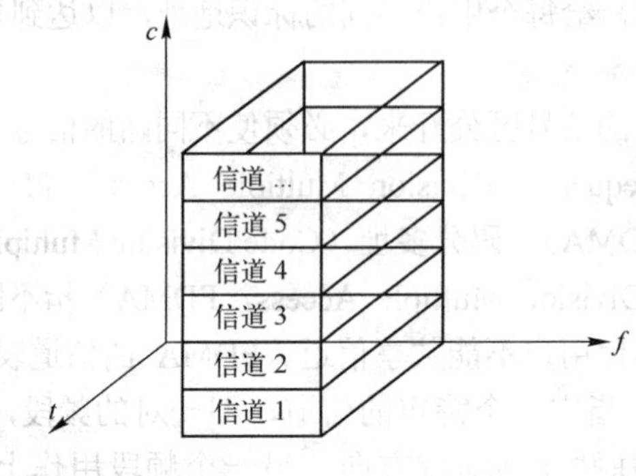

图 1-8　CDMA 示意图

空分多址（Space Division Multiple Access，SDMA）实现的核心技术是智能天线的应用，要求天线给每个用户分配一个点波束，这样可以根据用户的空间位置区分每个用户的无线信号。或者说，处于不同位置的用户在同一时间使用同一频率和码型而互不干扰。但 SCDMA 是一种辅助方式，一般会结合其他多址方式使用。

在实际的移动通信系统中会统一考虑双工方式和多址方式的选择使用。例如：FDMA/FDD、TDMA/FDD、TDMA/TDD、CDMA/FDD 等多种组合。

1.2　移动通信的发展

1.2.1　移动通信系统的演变

无线通信的概念最早出现于在 20 世纪 40 年代。无线电台在第二次世界大战中的广泛应用开创了移动通信的第一步。20 世纪 70 年代，美国贝尔实验室最早提出蜂窝的概念，解决了频率复用的问题。20 世纪 80 年代大规模集成电路技术及计算机技术突飞猛进的发展，长期困扰移动通信的终端小型化的问题得到了初步解决，给移动通信的发展打下了基础。

1．第一代移动通信系统

第一代移动通信系统的发展集中在 20 世纪 70～80 年代。美国为了满足用户增长的需求，提出了建立在小区制上的第一个蜂窝通信系统先进移动电话业务（Advance Mobile Phone Service，AMPS）系统，这也是世界上第一个现代意义的，可以商用的，能够满足随时随地通信的大容量移动通信系统。它主要建立在频率复用的技术上，较好地解决了频谱资源受限的问题，并拥有更大的容量和更好的话音质量。这在移动通信发展历史上具有里程碑的意义。随后，欧洲各国和日本都开发了自己的蜂窝移动通信网络，具有代表性的有欧洲的全接入通信系统（Total Access Communication System，TACS）系统、北欧的移动电话系统（Nordic Mobile Telephone System，NMT）系统和日本的电信电话（Nippon Telegraph and

Telephone，NTT）系统等。这些系统都是基于频分多址 FDMA 的模拟制式的系统，统称为第一代蜂窝移动通信系统。

第一代模拟系统主要建立在频分多址接入和蜂窝频率复用的理论基础上，在商业上取得了巨大的成功，但随着技术和时间的发展，问题也逐渐暴露出来：所支持的业务（主要是话音）单一、业务质量较差、频谱效率太低、系统容量有限、系统保密性差、通信设备成本高以及移动终端体积重量大等。由于当时存在多种系统标准，跨过漫游很难，不能发送数字信息，不能与综合业务数字网（Integrated Seruices Digital Network，ISDN）兼容，模拟移动通信系统经过 10 余年的发展后，终于在 20 世纪 90 年代初逐步被更先进的数字蜂窝移动通信系统所代替。

1G 跨入 2G 的分野则是从模拟调制进入到数字调制，相比于第 1 代移动通信，第二代移动通信具备高度的保密性，系统的容量也在增加，同时从这一代开始手机也可以上网了。

2．第二代移动通信系统

推动第二代移动通信发展的主要动力在欧洲。欧洲从 20 世纪 80 年代初就开始研究数字蜂窝移动通信系统，一般称其为第二代移动通信系统。20 世纪 80 年代，欧洲各国提出了多种技术方案，并在 20 世纪 80 年代中、后期进行了这些方案的现场实验比较，最后集中到时分多址 TDMA 的数字移动通信系统，即全球移动通信系统（Global System for Mobile Communications，GSM）系统。由于其技术上的先进性和优越的性能迅速成为当时世界上最大的蜂窝移动通信网络。GSM 空中接口的基本原则包括：每载波 8 个时隙，200kHz/载波带宽，慢跳频。

与欧洲相比较，美国在第二代数字蜂窝移动系统方面的起步要迟一些。1988 年，美国制定了基于 TDMA 技术的 IS-54/IS-136 标准，IS-136 是一种模拟/数字双模标准，可以兼容 AMPS。更值得一提的是，美国 Qualcomm 公司在 20 世纪 90 年代初提出的 CDMA（码分多址）技术，并在 1993 年由美国电子工业协会（TIA）完成 CDMA 技术的标准化成为 IS-95 标准。IS-95 引入了直接序列扩谱的概念。CDMA 技术有其固有的很多优点，例如，比 FDMA 及 TDMA 系统高得多的容量（频谱效率）、良好的话音质量及保密性等，使其在移动通信领域备受瞩目。IS-95 技术也在北美和韩国等地得到了大规模商用。

GSM 通信系统包括 3 部分：BSS 基站子系统、NSS 网络子系统、OSS 操作支持子系统，GSM 系统网络结构示意图如图 1-9 所示。

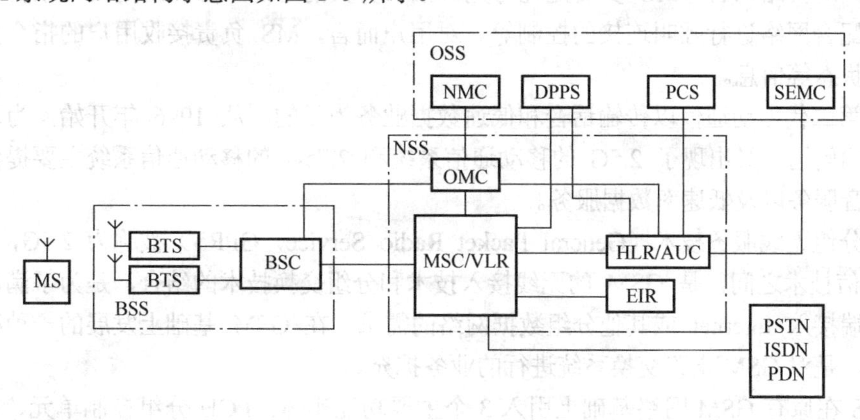

图 1-9　GSM 系统网络结构示意图

BSS 子系统包括 BTS 基站收发信台和 BSC 基站控制器，一个 BSC 连接、管理多个 BTS。BSS 通过无线接口与 MS 相连，负责无线发送接收和无线资源管理，BSS 与 NSS 子系统相连，实现移动用户间或移动用户与固定网络用户之间的通信连接，传送系统信息与用户信息，与 OSS 子系统之间实现互通。

NSS 网络子系统是整个通信系统的核心。在 NSS 子系统中：

MSC 为移动业务交换中心，是 NSS 子系统的核心，主要负责接口管理，支持电信业务、承载业务和补充业务，支持位置登记、越区切换和自动漫游等其他网络功能。

HLR 为归属用户位置寄存器，是 GSM 系统的中央数据库，所有移动用户的重要数据（如：用户识别码、访问能力、用户类别以及补充业务，以及漫游移动用户所在 MSC 区域的有关动态数据）都存储在 HLR 中。

VLR 为来访用户位置寄存器，服务于其控制区域内移动用户，存储进入其控制区域内已登记的移动用户相关信息。

AUC 为鉴权中心，属于 HLR 的一个功能单元，专用于 GSM 的安全性管理。AUC 存储鉴权信息和加密密钥，防止无权用户接入系统和防止无线接口中数据被窃。

EIR 为移动设备识别寄存器，存储移动设备的国际移动设备识别码 IMEI，通过核查 3 种表格（白名单、灰名单、黑名单）使网络具有防止无权用户接入、监视故障设备的运行和保障网络运行安全的功能。

OMC 为操作维护中心，负责对系统进行设置和管理的功能。

NSS 对移动用户之间、移动用户与其他通信网（如 PSTN 公用电话网、ISDN 综合业务数字网和 PDN 公用数据网）用户之间起着交换、连接与管理的功能。负责完成呼叫处理、通信管理、移动管理、部分无线资源管理、安全性管理、用户数据和设备管理、计费记录处理、公共信道、信令处理和本地运行维护等。

OSS 操作支持子系统包括：NMC 网络管理中心、DPPS 数据后处理系统、SEMC 安全性管理中心及 PCS 用户识别卡个人化中心。OSS 完成移动用户管理、移动设备管理、系统的操作与维护。

MS 为移动台，包括移动用户的移动通信终端设备和 SIM 卡。其中，SIM 卡含有与用户有关的无线接口侧的信息以及实现鉴权和加密的信息。MS 负责移动用户接入网络所必需的所有功能。对网络而言，MS 负责处理与无线接口有关的功能、并随时向网络报告移动用户的位置、配合网络进行呼叫连接的控制等。对用户而言，MS 负责接收用户的指令并向用户提示通信状态等信息。

由于第二代移动通信以传输话音和低速数据业务为目的，从 1996 年开始，为了解决中速数据传输问题，又出现了 2.5G 的移动通信系统和 2.75G 的移动通信系统主要提供的服务仍然是语音服务以及低速率数据服务。

通用分组无线服务技术（General Packet Radio Service，GPRS）被称为 2.5G，介于 2G 和 3G 通信技术之间，是 GSM 的无线接入技术和分组交换技术的结合，是为了满足用户利用移动终端接入 Internet 或其他分组数据网络的需求，在 GSM 基础上发展的一种移动分组数据业务，是对 GSM 电路交换系统进行的业务扩充。

GPRS 在原有 GSM 网络基础上引入 3 个主要功能实体：PCU 分组控制单元、GPRS 服务支持节点（Serving GPRS Supporting Node，SGSN）、GPRS 网关支持节点（Gateway

GPRS Support Node，GGSN），GPRS 网络结构示意图如图 1-10 所示。SGSN 连接到基站子系统 BSS，GGSN 支持与外部分组交换网的互通，通过基于 IP 的 GPRS 骨干网和 SGSN 连通。

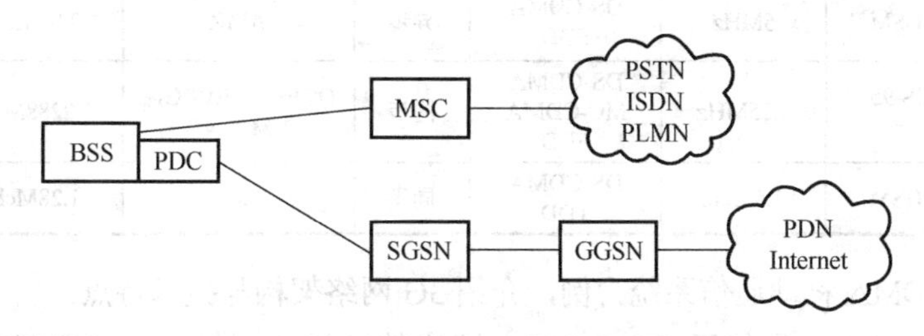

图 1-10　GPRS 网络结构示意图

另外，通过对 GSM 的相关部件进行软件升级，从而实现分组交换业务。而原有 GSM 网络则完成电路交换业务。

在 GPRS 系统中，用户数据采用封装和隧道技术在 MS 和外部数据网络之间进行透明传输。数据包用特定的 GPRS 协议信息打包并在 MS 和 GGSN 之间传输，这种透明的传输方法缩减了 GPRS 对外部数据协议解释的需求，而且易于在将来引入新的互通协议。由于采用分组数据交换模式，用户只有在发送或接收数据期间才占用资源，意味着多个用户可高效率地共享同一无线信道，提高了资源的利用率，其传输速率高达 115kbit/s。

3．第三代移动通信系统

随着移动多媒体和高速数据业务的迅速发展，迫切需要建设一种新的移动通信网络能提供更宽的工作频带、支持更加灵活的多种类业务（高速率数据、多媒体及对称或非对称业务等），并使移动终端能够在不同的网络间进行漫游。20 世纪 90 年代，第三代移动通信系统（3G）的概念应运而生，其就是建立移动宽带多媒体通信。

第三代移动通信系统最早由国际电信联盟（ITU）于 1985 年提出，当时被称为未来公众陆地移动通信系统（Future Public Land Mobile Telecommunication System，FPLMTS)，1996 年更名为 IMT-2000，即该系统工作在 2000MHz 频段，最高业务速率可达 2000kbit/s。

第三代移动通信系统旨在形成一个对全球无缝覆盖的立体通信网络，是一个满足城市和偏远地区各种用户密度，支持高速移动环境，提供持话音、数据和多媒体等多种业务的先进移动通信网，基本实现个人通信的要求。这对 3G 无线传输技术（Radio Transmission Technology，RTT）提出了以下要求：

1）高速传输支持多媒体业务。室内环境至少 2Mbit/s，室内外步行环境至少 384kbit/s，室外车辆运动中至少 144kbit/s，卫星移动环境至少 9.6kbit/s。

2）传输速率能够按需分配，根据带宽需求实现的可变比特速率信息传递，一个连接中可以同时支持具有不同 QoS 要求的业务。

3）上下行链路能适应不对称需求。

典型 3G 移动通信标准包括宽带码分多址（Wideband Code Division Multiple Access，WCDMA)、码分多址 2000（Code Division Multiple Access 2000，CDMA 2000)、时分同步码分多址（Time Division-Synchronous Code Division Multiple Access，TD-SCDMA）等，其关键技术、传输速率以及应用范围三种 3G 标准对比见表 1-1。

表 1-1　3 种 3G 标准对比

3G 标准	继承基础	信道带宽	多址方式 双工方式	同步方式	语音编码方式	码片速率	提出国家
WCDMA	GSM	5MHz	DS-CDMA FDD	异步	AMR	3.84Mchip/s	欧洲国家 日本
CDMA2000	IS-95 CDMA	1.25MHz	DS-CDMA MC-CDMA FDD	同步	QCELP，EVRC，VMR-WB	1.2288Mchip/s	美国 韩国
TD-SCDMA	GSM	1.6MHz	DS-CDMA TDD	同步	AMR	1.28Mchip/s	中国

这里以 WCDMA 移动通信系统为例，介绍 3G 网络架构与技术特点。

WCDMA 的核心网是基于 GSM/GPRS 网络的演进，保持了与 GSM/GPRS 网络的兼容性。核心网 CN 逻辑上分为电路域（Circuit Switching Domain，CS）和分组域（Packet Switching Domain，PS）两部分，分别完成电路型业务（如语音业务、部分数据业务等）和分组型业务（如流媒体业务、VOIP 等）。陆地无线接入网（UMTS Terrestrial Radio Access Network，UTRAN）基于 ATM 技术，统一处理语音和分组业务，并向 IP 方向发展。

WCDMA 由 CN、UTRAN 和用户设备 UE 三部分以及它们之间的标准接口（Iu、Iub 和 Iur）组成，如图 1-11 所示。一个 RNS 由一个 RNC 和一个或多个基站 Node B 组成。

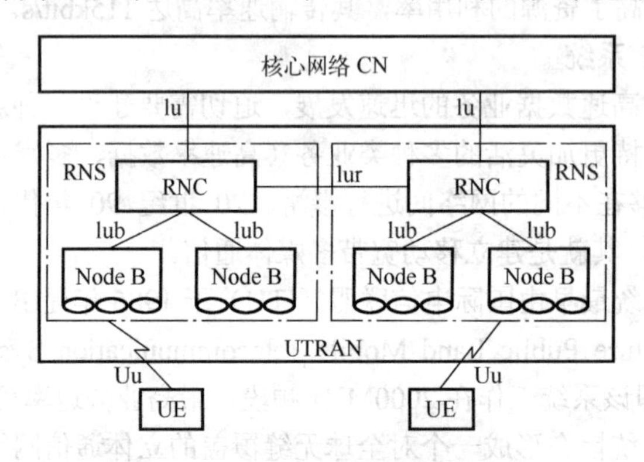

图 1-11　WCDMA 系统结构与接口

UE 用户终端：在 3G 网络中包含手机，智能终端，多媒体设备，流媒体设备等，完成无线接入、信息处理等功能。

UTRAN 由 Node B 无线收发信机和 RNC 无线网络控制器构成，Node B 相当于 GSM BTS，RNC 相当于 GSM BSC。Node B 处理与 UE 的无线接入，如：用户信息传送、无线信道控制、资源管理等。具体包括扩频、调制、信道编码及解扩、解调、信道解码、基带信号和射频信号的转化等功能。RNC 是 3G 网络的一个关键网元，是接入网的组成部分，用于提供移动性管理、呼叫处理、链接管理和切换机制。

CN 核心网是将业务提供者与接入网，或将接入网与其他接入网连接在一起的网络。主要完成用户认证、位置管理、呼叫连接控制和用户信息传送等功能。

WCDMA 技术要点见表 1-2。

表 1-2　WCDMA 技术要点

基站同步方式	支持异步和同步的基站运行
信号带宽	5MHz
码片速率	3.84Mchip/s
发射分集方式	TSTD、STTD、FBTD
信道编码	卷积码和 Turbo 码
调制方式	上行 BPSK 下行 QPSK
功率控制	上下行闭环功率控制，外环功率控制
解调方式	导频辅助的相干解调
语音编码	AMR

WCDMA 经历了 R99、R4、R5 三个发展阶段。基于 GSM、GPRS 演进的 R99 的网络结构如图 1-12 所示。各逻辑单元功能如下：

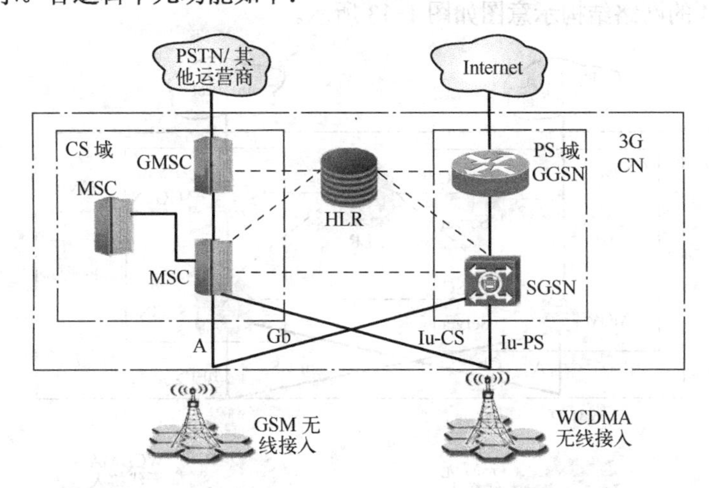

图 1-12　WCDMA R99 网络结构

CN 包含的主要功能单元有 MSC、GMSC、GGSN、SGSN、HLR、AUC（图中未画出）等。

MSC 移动交换中心：是核心网 CS 域功能节点，主要功能是提供 CS 域的呼叫控制、移动性管理、鉴权和加密等功能。

VLR 拜访位置寄存器：动态地保存着进入其控制区域内的移动用户的相关数据，如位置区信息及补充业务参数等，并为已登记的移动用户提供建立呼叫接续的必要条件。VLR 从该移动用户归属的 HLR 中获取并保存用户数据，并在 MSC 处理用户的移动业务时向 MSC 提供必要的用户数据。VLR 一般都与 MSC 在一起综合实现。

HLR 归属位置寄存器、AUC 安全性管理单元、OMC 操作维护中心的功能与 GSM 系统单元模块对应的功能类似。

GMSC 移动交换中心网关：GMSC 具有从 HLR 查询得到被叫 MS 目前的位置信息，并根据此信息选择路由。GMSC 可以是任意的 MSC ，也可以单独设置。单独设置时，不处理 MS 的呼叫，因此不需设 VLR，不与 BSC 相连。

SGSN 服务 GPRS 支持节点：是核心网 PS 域功能节点，负责在其服务区内转发 UE 与外部网络之间的 IP 数据包。SGSN 和 UE 之间的业务信息还要经过 BSC 和 BTS 的传输。主要功能还有：鉴权和加密；会话管理；移动性管理；逻辑链路管理。SGSN 通过 Gr 接口与 HLR 归属位置寄存器连接、通过 Gb 接口与 BSC 连接、通过 Gn 接口与 GGSN（网关 GPRS 支持节点）连接；输出与无线网络使用相关的计费数据。

GGSN 网关 GPRS 支持节点：是核心网 PS 域功能节点，是为了在 GSM 网络中提供 GPRS 业务功能而引入的一个网元功能实体，提供数据包在 GPRS 网和外部数据网之间的网关接口功能。用户选择哪一个 GGSN 作为网关，根据用户的签约信息以及用户请求的接入点名确定的。GGSN 通过 Gi 接口与外部 IP 分组网络连接、进行 GPRS 会话管理，建立与外部网络的通信、通过 Gn 接口与 SGSN 连接、输出与外部数据网络使用相关的计费信息。

WCDMA R4 的网络结构示意图如图 1-13 所示。

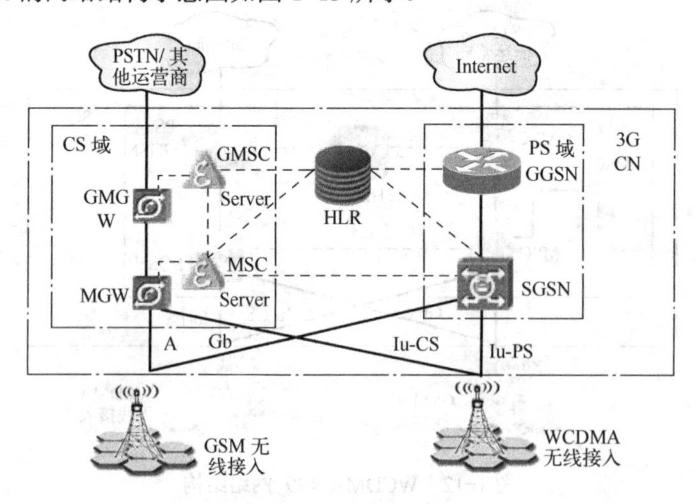

图 1-13　WCDMA R4 网络结构示意图

可以看出 R99 和 R4 的主要区别在于核心网的电路域 CS。在 R99 中 CS 域的主要网元为 GMSC/VLR，在 R4 中 CS 域主要网元有 GMSC Server、MSC Server、 MGW、和 GMGW。MGW 和 GMSC Server 都是由 GMSC/VLR 演变而来：GMSC/VLR 的接入传输与业务处理部分演变为 MGW，GMSC/VLR 的信令处理呼叫控制演变为 GMSC Server，即业务流和控制流的处理是相互独立的。由于 R4 的电路域采用 IP 传输相应地增加了 IP 信令网关 SGW，用以完成 R4 核心网和其他网络互通时 IP 信令和其他信令的转换。另外，无线接口性能的增强也加强了对无线资源的控制功能。

WCDMA R5 网路结构示意图如图 1-14 所示。从图中可以看出，R5 中核心网络侧的主要变换是引入了 IP 多媒体子系统（Ip Multimedia Subsystem，IMS）的概念，且核心网与无线接入网都采用 IP 传输，全网实现 IP 使得移动多媒体成为 3G 移动通信主要特点之一。

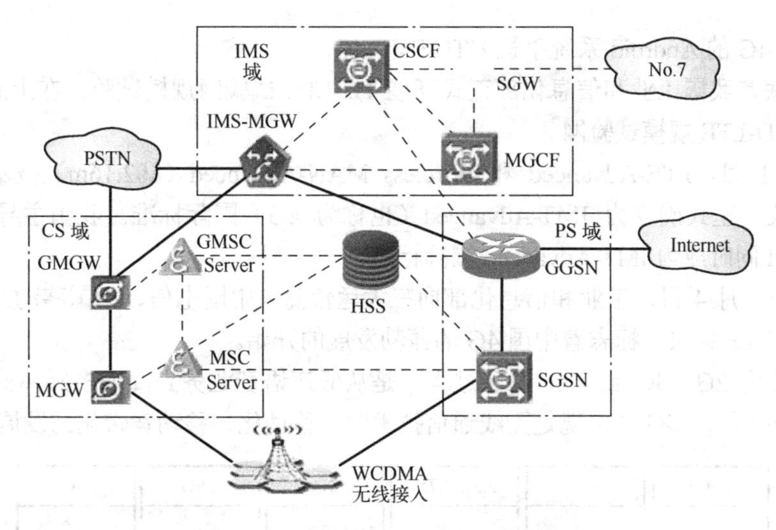

图 1-14 WCDMA R5 网络结构示意图

从 R99 到 R5 WCDMA 通信系统的演进可以看到，由于分组域交换加速了数据在网络中的传输、简化了存储管理、减少了出错概率和重发数据量，信道资源采用统计复用的模式，提高了数据交换效率，更适合移动互联网业务突发式的数据通信。3GPP 在考虑下一代网络架构方面，要求网络扁平化、IP 分组化，从而实现通信网络大容量、高带宽、高效率交换的演进需求，因此 LTE 系统采用全 IP 化，只保留分组域进行数据传输，而原来电路域承载的语音业务可以通过 VoIP 的方式承载，不再需要单独的电路域。

3GPP 规定了 WCDMA 系统使用的频段以 2.1GHz 为主力频段设备以及终端大多使用该频段。现在 WCDMA 还扩充到 900MHz 频段以供 GSM 系统顺利过渡。

在向 4G 过渡中，多个 WCDMA 运营商把自己的网络升级到高速下行分组接入（High Speed Downlink Packet Access，HSDPA），用来弥补 WCDMA 数据业务能力有限的问题。

4．第四代移动通信系统

当 3G 移动业务刚刚迈出脚步，就出现了支持语音、数据和视频 3 种格式的传输技术高速下行链路分组接入技术。与此同时，真正意义上的宽带数据速率标准 4G 概念也开始出现，4G 为多功能集成的宽带移动通信系统，可以提供的数据传输速率高达 100bit/s 甚至更高，也是宽带接入 IP 系统。

在 4G 标准的多个技术提案中来自北美标准化组织的 IEEE 的 802.16m 和欧洲标准化组织 3GPP 的 LTE-A 获得更多的支持。4G 系统总的技术目标和特点可以概括为：系统应具有更高的数据率、更好的业务质量 QoS、更高的传输质量、更高的灵活性；4G 系统应能支持非对称性业务，并能支持多种业务；4G 系统应体现移动与无线接入网和 IP 网络不断融合的发展趋势。

2009 年 5 月，电信设备商诺基亚-西门子通过下一代移动通信技术打通世界上第一个 LTE（准 4G）电话。

2010 年，北欧 TeliaSonera 率先完成了 4G 网络建设，宣布开始在瑞典斯德哥尔摩、挪威奥斯陆提供 4G 服务，这是全球正式商用的第一个 4G 网络。

2010 年 3 月，Sprint Nextel Corp 正式发布美国首款超高速手机，随后又发布了世界上第一款 WiMAX 4G 的 Android 系统手机 HTC EVO 4G。

2010 年底，我国工业和信息化部正式开展 TD-LTE 试验网规模试验，在上海、北京等 7 个城市建设 TD-LTE 规模试验网。

2012 年 1 月，LTE-Advanced 和 Wireless MAN-Advanced（802.16m）技术规范通过了 ITU-R 的审议，正式确立为 IMT-Advanced（也称为 4G）国际标准。我国主导制定的 TD-LTE-Advanced 同时成为 IMT-Advanced 国际标准。

2013 年 12 月 4 日，工业和信息化部向三大运营商（中国电信、中国移动及中国联通）正式发放 TD-LTE 牌照，标志着中国 4G 的蓬勃发展的开始。

移动通信从 2G、3G 到 4G 发展过程，是从低速语音业务到高速多媒体业务发展的过程，如图 1-15 所示。4G 的出现是无线通信技术宽带移动化、移动宽带化的发展的必然。

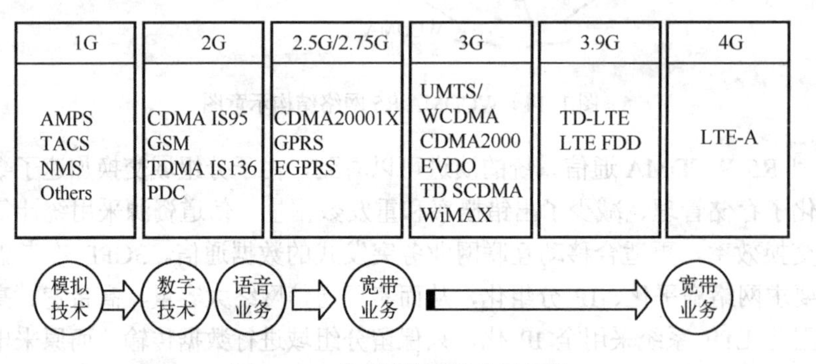

图 1-15　移动通信系统发展历程

4G 是第四代移动通信及其技术的简称，是集 3G 与 WLAN 于一体并能够传输高质量视频图像以及图像传输质量与高清晰度电视不相上下的技术产品。4G 是一种超高速无线网络，一种不需要电缆的信息超级高速公路。这种新网络可使电话用户以无线形式实现全方位虚拟连接。4G 系统能够以 100Mbit/s 的速度下载，上传速度也能达到 20Mbit/s，并能够满足几乎所有用户对无线服务的要求。

4G 业务应用体现在视频通话/在线视频、云计算/服务、在线游戏、区域社交服务以及手机导航定位等多个方面。高速网络将支持人们实时面对面通话，支持上传下载高清视频，高速便捷的在线存储数据和应用，云服务对于移动用户来说可靠性、功能性、安全性方面都会有显著的改善。

1.2.2　LTE 系统概述

长期演进（Long Term Evolution，LTE）技术是 3G 向 4G 技术发展过程中的一个过渡技术，被称为 3.9G 的全球化标准。它通过采用正交频分复用（Orthogonal Frequency Division Multiplexing，OFDM）和多入多出（Multiple Input Multiple Output，MIMO）作为无线网路演进的标准，改进并增强了 3G 的空中接入技术。这些技术的运用使得 LTE 能够提供数倍于 3G 系统的峰值速率。另外，LTE 网络结构演进趋于扁平化、IP 化，使得数据传输速率更快、时延更短、频带更宽及运营成本更少。

LTE 包括 LTE TDD 和 LTE FDD 两种制式。两种技术的主要区别在于空中接口的物理层上（如帧结构、时分设计、同步等）。LTE FDD 系统空口上下行传输采用一对对称的频段接收和发送数据； LTE TDD系统上下行则使用相同的频段在不同的时隙上传输；相对于FDD双工方式，TDD有着较高的频谱利用率。

我国引领发展的TD-LTE，其实质是LTE TDD（在后面叙述中，均采用TD-LTE的说法）。

LTE采用OFDMA正交频分多址作为下行多址方式，采用单载波FDMA（Single Carrier FDMA，SC-FDMA）作为上行多址方式。另外，LTE还采用多天线技术、干扰协调技术等关键技术。

3GPP要求LTE支持的主要指标和需求：

1）峰值数据速率。LTE通过宽频带、MIMO、高阶调制技术提高峰值数据速率。

下行链路的瞬时峰值数据速率在20MHz下行链路频谱分配的条件下，可以达到100Mbit/s（5bit/s/Hz）（网络侧2发射天线，UE侧2接收天线条件下）。

上行链路的瞬时峰值数据速率在20MHz上行链路频谱分配的条件下，可以达到50Mbit/s（2.5bit/s/Hz）（UE侧1发射天线情况下）。

2）降低无线网络时延。对控制面延时和用户面延时都有要求。

控制面延时要求：从驻留状态（类似于R6的空闲模式）到激活状态（类似于R6的CELL_DCH），控制面的传输延迟时间小于100ms，这个时间不包括寻呼延迟时间和NAS延迟时间；从睡眠状态（类似于R6的CELL_PCH）到激活状态（类似于R6的CELL_DCH），控制面传输延迟时间小于50ms，这个时间不包括DRX间隔。

用户面延时要求：在空载条件（即单小区单用户单数据流）和小IP分组（即只有一个IP头、而不包含任何有效载荷）的情况下，期望的用户面延迟不超过5ms。

用户面延迟指IP层测量到的从UE向RAN无线接入网络的边界节点发送一个小IP分组所需要的时间（也可反向发送）。RAN边界节点指的是RAN和核心网的接口节点。

3）灵活支持不同带宽。支持多种系统带宽等级：1.4MHz、3MHz、5MHz、10MHz、15MHz、20MHz，支持成对和非成对频谱。另外，支持资源的灵活使用，包括功率、调制方式、相同/不同频段、上下行、相邻或不相邻的频点分配等。

4）提高频谱效率。满负载网络下频谱效率，下行链路希望达到HSDPA（R6）下行的3～4倍；上行链路希望达到增强的HSDPA（R6）上行的2～3倍。

5）控制面容量。在5MHz带宽内每小区最少支持200个激活状态的用户。

6）用户吞吐量。下行要求每MHz的平均用户吞吐量是R6 HSDPA下行吞吐量的3～4倍；上行要求每MHz的平均用户吞吐量是R6 HSDPA上行吞吐量的2～3倍。

7）移动性。LTE为移动用户提供更好的服务。E-UTRAN能为低速移动（0～15km/h）的移动用户提供最优的网络性能，能为15～120km/h的移动用户提供高性能的服务，对120～350km/h（甚至在某些频段下，可以达到500km/h）速率移动的移动用户能够保持蜂窝网络的移动性。

8）增强小区覆盖。覆盖半径在5km内的小区，其用户吞吐量、频谱效率和移动性等性能指标应达到上述要求；覆盖半径在30km内的小区，用户吞吐量指标可以略有下降，频谱效率指标可以下降、但仍在可接受范围内，移动性指标仍应完全满足；覆盖半径最大可达100km。

9）更低的运营成本（Operating Expense，OPEX）和资本性支出（Capital Expenditure，

CAPEX)。

LTE 以分组域业务为主要目标，系统在整体架构上基于分组交换。通过系统设计和严格的 QoS 机制，保证实时业务（如 VoIP）的服务质量。支持与已用的 3G 系统和非 3GPP 规范系统互通。支持进一步增强的多媒体广播多播业务（Multimedia Broadcast Multicast Service，MBMS），频谱效率达到 3bit/s/Hz。

我国 TD-LTE 频谱资源划分见表 1–3。在 1.8GHz（1705～1785MHz/1805～1880MHz）和 2.1GHz（1920～1980MHz/2110～2170MHz）频段中未分配的两个 60MHz，共 120MHz 用于 FDD 频率，该频率资源可以用于 WCDMA、FDD-LTE 及其演进技术。同时 4G 频率将可与 3G 共用，以满足 FDD 系统的用频需求。

表 1–3　我国 TD-LTE 频谱资源划分

	TD-LTE
中国电信	2370～2390MHz 2635～2655MHz
中国移动	1880～1900MHz 2320～2370MHz 2575～2635MHz
中国联通	2300～2320MHz 2555～2575MHz

应用 FDD 频分双工方式的 LTE 即为 FDD-LTE。由于无线技术的差异、使用频段的不同等因素，FDD-LTE 是当前世界上采用的国家及地区最广泛的，终端种类最丰富的一种 4G 标准。FDD-LTE 的标准化与产业发展都领先于 TD-LTE。

LTE FDD 和 LTE TDD 两种模式用于成对频谱和非成对频谱。LTE 标准中的 FDD 和 TD 两个模式间的主要差别在物理层。

LTE FDD 和 LTE TDD 具有的相同关键技术，见表 1–4。

表 1–4　两种标准相同的关键技术

信道带宽灵活配置	1.4MHz、3 MHz、5 MHz、10 MHz、15 MHz、20 MHz
帧长	LTE TDD：10ms（半帧 5ms，子帧 1ms） LTE FDD：10ms（子帧 1ms）
信道编码	卷积码、Turbo 码
调制方式	QPSK、16QAM、64QAM
功率控制	开环结合闭环
MIMO 多天线技术	支持

TDD 和 FDD 技术差异见表 1–5。

表 1–5　两种标准的技术差异

	LTE TDD	LTE FDD
双工方式	TDD	FDD
子帧上下行配置	无线帧中多种子帧上下行配置方式	无线帧全部上行或下行配置
HARQ	个数与延时随上下行配置方式不同而不同	个数与延时固定
调度周期	随上下行配置方式不同而不同，最小 1ms	1ms

FDD 模式的特点是在分离（上下行频率间隔 190MHz）的两个对称频率信道上，系统进行接收和传送，用保证频段来分离接收和传送信道。

FDD 模式的优点是采用包交换等技术，实现高速数据业务，并可提高频谱利用率，增加系统容量。但 FDD 必须采用成对的频率，该方式在支持对称业务时，能充分利用上下行的频谱，但在非对称的分组交换（互联网）工作时，频谱利用率则大大降低（由于低上行负载，造成频谱利用率降低约 40%），在这点上，TDD 模式有着 FDD 无法比拟的优势。

1.3 TD-LTE 网络结构

1. 网络结构

与 3G 通信系统相比，TD-LTE 系统采用扁平化、IP 化的网络架构，如图 1-16 所示。TD-LTE 系统的无线接入部分称为演进无线接入网（Evolved-UTRAN，E-UTRAN），用 e Node B 替代原来的 RNC-Node B 结构；核心网 CN 部分称为演进分组核心网（Evolved Packet Core，EPC）。TD-LTE 系统的各网络节点之间的接口使用 IP 传输，通过 IMS 承载综合业务，原 UTRAN 的 CS 域业务均由 LTE 网络的 PS 域承载。EPC 和 E-UTRAN 称为演进分组网（Evolved Packet System，EPS）。

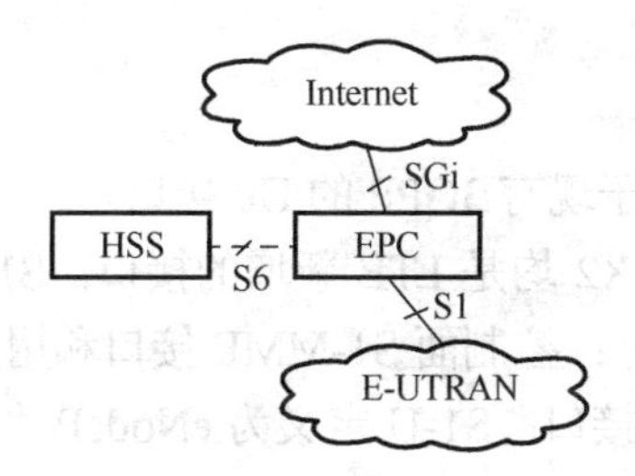

图 1-16　TD-LTE 系统结构示意图

这样的系统架构使得 LTE 较原有 UTRAN，采用了扁平化的网络结构，简化了网络设计，降低了成本，并且更易于对设备进行维护管理，实现了全 IP 路由，网络结构趋近于 IP 宽带网络。

整个 TD-LT 系统由 EPC、eNodeB 和 UE 三部分组成，如图 1-17 所示。

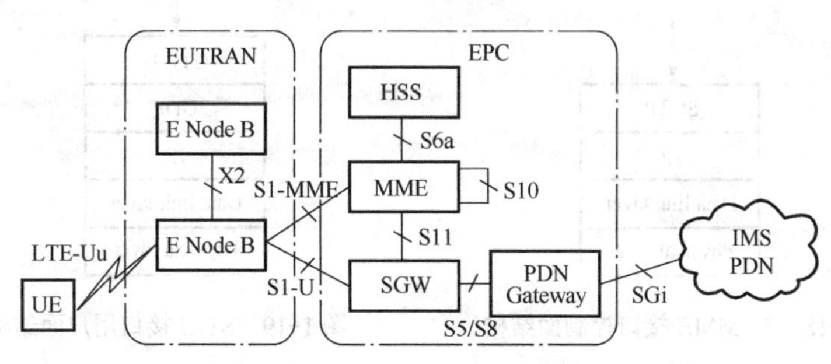

图 1-17　EPS 网络结构和接口

在 LTE 系统架构中，RAN 演进成 E-UTRAN，减少了 RNC 节点，只有一个结点 eNodeB，具有 3GPP R5/R6/R7 的 Node B 功能和大部分 RNC 功能。其主要功能包括无线资源管理的功能（如无线承载控制、无线接入控制、无线接口的移动性管理和动态资源分配等）；IP 包头压缩；安全性保证，所有通过无线接口的数据包都要进行加密；与 EPC 建立连接，包括到 MME 的信令和到 S-GW 的承载路径。

EPC 部分负责核心网部分，主要包括 MME、HSS、Serving Gateway、PDN Gateway 等部分。其中，MME 和 SGW 两个实体来分别完成 EPC 的控制面和用户面功能。

移动管理模块（Mobility Management Entity，MME）是 EPC 的控制核心，其功能包括 EPS 承载控制（如承载的建立、维护和释放）；建立连接网络与 UE 之间的通信安全机制；对 UE 在空闲状态的移动性处理（如发起寻呼）。负责用户接入控制、业务承载控制、寻呼、切换控制等控制信令的处理。

MME 功能与网关功能分离，这种控制平面和用户平面分离的架构，有助于网络部署、单个技术的演进以及全面灵活的扩容。

分组服务网关（Serving GW，S-GW）提供分组路由和转发功能。支持 UE 的移动性切换用户面数据的功能，E-UTRAN 空闲模式下行分组数据缓存和寻呼支持。

PDN 网关（PDN Gateway，P-GW）提供包过滤、UE 的 IP 地址分配、合法拦截、计费和非 3GPP 接入等功能。

归属用户服务器（Home Subscriber Server，HSS）是下一代 HLR，主要提供移动性管理、鉴权、用户签约等功能。

2．网络接口

LTE-Uu 为无线接口，类似于现有 3GPP 的 Uu 接口。

与 2G、3G 都不同，S1 和 X2 均是 LTE 新增的接口。S1 接口定义为 E-UTRAN 和 EPC 之间的接口。S1 接口包括两部分：控制面 S1-MME 接口和用户面 S1-U 接口。S1-MME 接口定义为 eNodeB 和 MME 之间的接口；S1-U 定义为 eNodeB 和 S-GW 之间的接口。S1 接口的用户面终止在服务网关 S-GW 上，S1 接口的控制面终止在移动性管理实体 MME 上。控制面和用户面的另一端终止在 eNodeB 上。

S1-MME 接口控制面结构和 S1-U 接口用户面结构分别如图 1-18、图 1-19 所示。

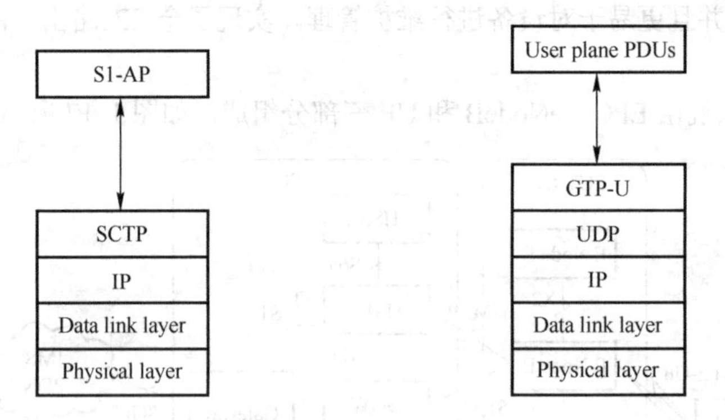

图 1-18　S1-MME 接口控制面结构　　图 1-19　S1-U 接口用户面结构

X2 接口定义了 eNodeB 之间的接口，包含 X2-CP 和 X2-U 两部分，X2-CP 是各个 eNodeB 之间的控制面接口，X2-U 是各个 eNodeB 之间的用户面接口。X2-CP 接口控制面结构和 X2-U 接口用户面结构分别如图 1-20、图 1-21 所示。

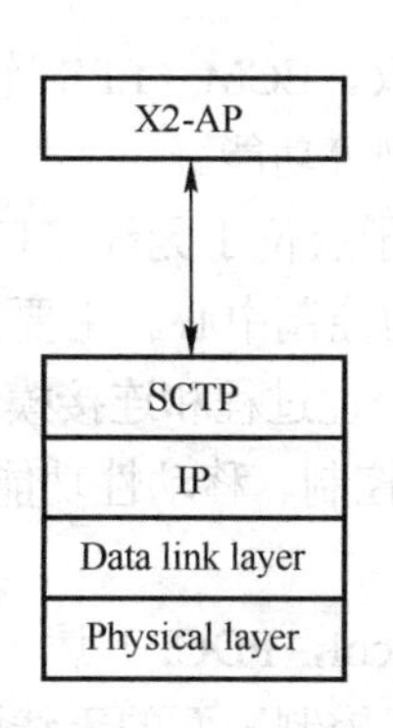

图 1-20　X2-CP 接口控制面结构

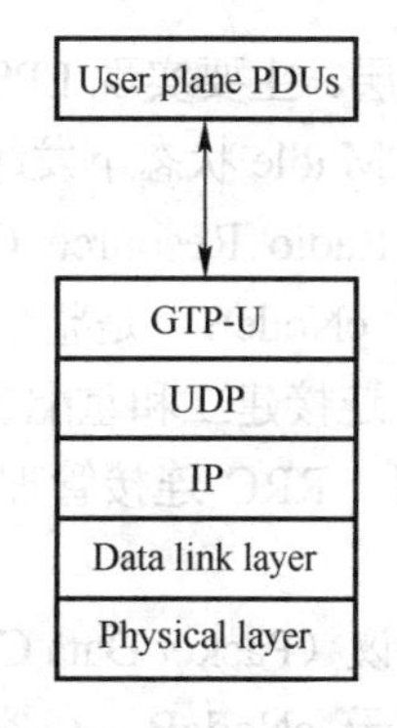

图 1-21　X2-U 接口用户面结构

3．协议结构

TD-LTE 系统无线协议架构中控制平面和用户平面分离，如图 1-22 所示。控制平面承载信令消息，用户平面承载用户的业务数据。无线网络层实现 UE 与 E-UTRA 的通信功能，传输网络层采用 IP 传输技术对用户平面和控制平面信息进行传输，具有 3 层结构。

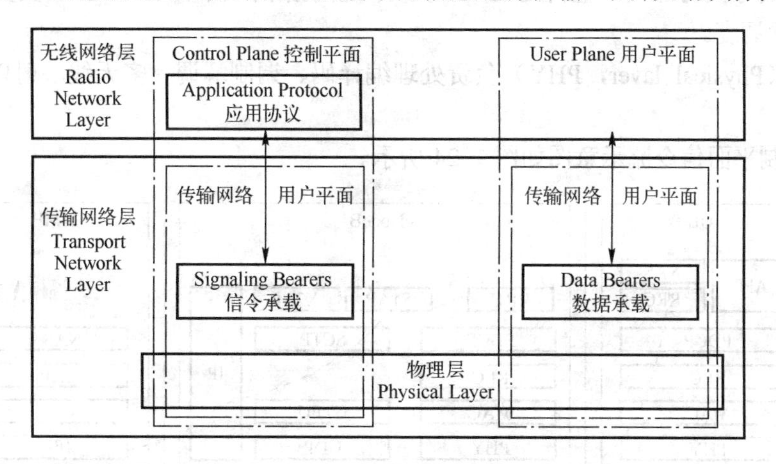

图 1-22　LTE 协议栈控制平面和用户平面

LTE 控制平面示意图如图 1-23 所示。

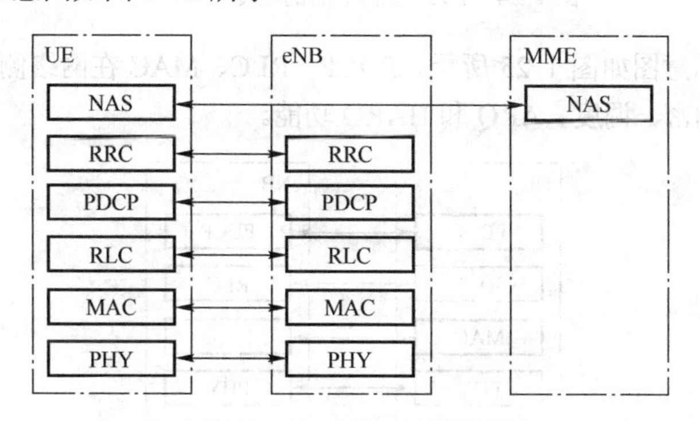

图 1-23　LTE 控制平面示意图

非接入层（Non Access Stratum，NAS）协议在网络侧终止于 MME，是 UE 和 MME 之

间的控制平面的最高层。主要实现 EPS 承载管理、鉴权、ECM（EPS 连接性管理）idle 状态下的移动性处理、ECM idle 状态下发起寻呼、安全控制等功能。

无线资源控制（Radio Resource Control，RRC）子层位于无线接口协议栈层 3 的最底层，在网络侧终止于 eNodeB，是整个协议栈分层结构控制中心。主要负责无线资源的管理与控制，包括：RRC 连接建立和重配置相关过程，安全性过程和连接模式下的移动性过程。RRC 完成广播、寻呼、RRC 连接管理、RB 无线承载控制、移动性功能、UE 的测量上报和控制等功能。

分组数据汇聚协议（Packet Data Convergence Protocol，PDCP）属于无线接口协议栈层 2 协议，在网络侧终止于 eNodeB。在控制平面负责处理控制平面的无线资源管理消息（RRC 消息），完成加密/解密、完整性保护等功能。

无线链路控制（Radio Link Control，RLC）和媒体接入控制（Medium Access Control，MAC）都属于无线接口协议层 2 协议，在网络侧终止于 eNodeB，在用户平面和控制平面执行功能没有区别。

RLC 负责分段与连接、重传处理，以及对高层数据的顺序传送。MAC 负责处理 HARQ 重传与上下行调度。

物理层（Physical layer，PHY）负责处理编译码、调制解调、多天线映射以及其他电信物理层功能。

LTE 控制平面信令流示意图如图 1-24 所示。

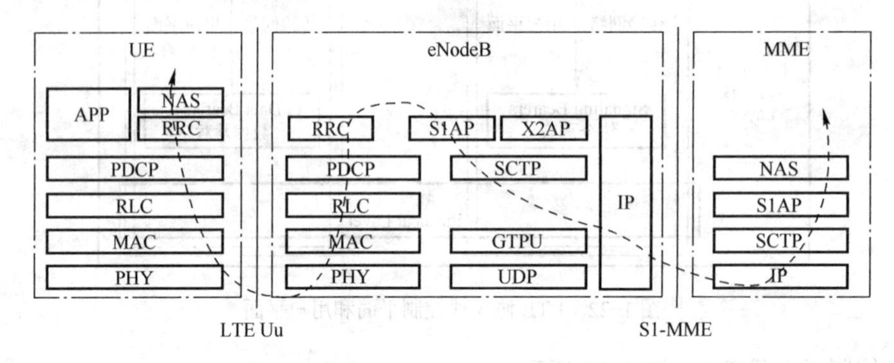

图 1-24　LTE 控制平面的信令流示意图

LTE 用户平面示意图如图 1-25 所示。PDCP、RLC、MAC 在网络侧均终止于 eNodeB，主要实现头压缩、加密、调度、ARQ 和 HARQ 功能。

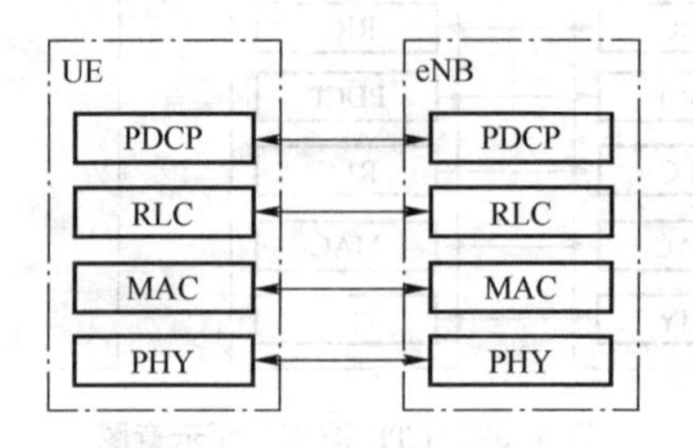

图 1-25　LTE 用户平面示意图

LTE 用户平面的数据流示意图如图 1-26 所示。

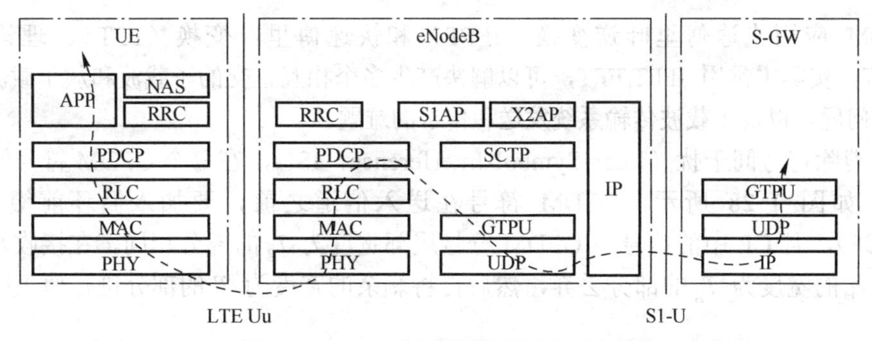

图 1-26　LTE 用户平面的数据流示意图

1.4　TD-LTE 物理层原理

1.4.1　物理层概述

3GPP 规定 LTE 系统的物理层传输方案，下行采用正交频分多址（Orthogonal Frequency Division Multiplexing Address，OFDMA）方式，提供增强的频谱效率和能力，传输速率 100Mbit/s；下行采用单载波频分多址接入（Single Carrier FDMA，SC-FDMA）方式，传输速率 50Mbit/s。OFDM 和 SC-FDMA 的子载波宽度确定为 15kHz，采用该参数值，可以兼顾系统效率和移动性。

1. OFDMA 技术

OFDMA 是 OFDM 技术与 FDMA 多址技术的结合。其中，OFDM 是一种特殊的多载波传输方案，可看成一种调制技术或复用技术，具备高速数据传输的能力，能有效对抗频率选择性衰减，获得广泛应用。

OFDM 的主要思想：发射端通过串并变换将一个串行高速数据流转换成多个并行的低速子数据流；每个子数据流采用传统的调制方案进行低符号率调制，如正交相移键控（Quadrature Phase Shift Keyin，QPSK）或正交幅度调制（Quadrature Amplitude Modulation，QAM），将比特流变成符号流；调制后的各子数据流被映射到不同的正交子载波上。在接收端执行相反的过程即可获得原始的串行数据，OFDM 原理图如图 1-27 所示。

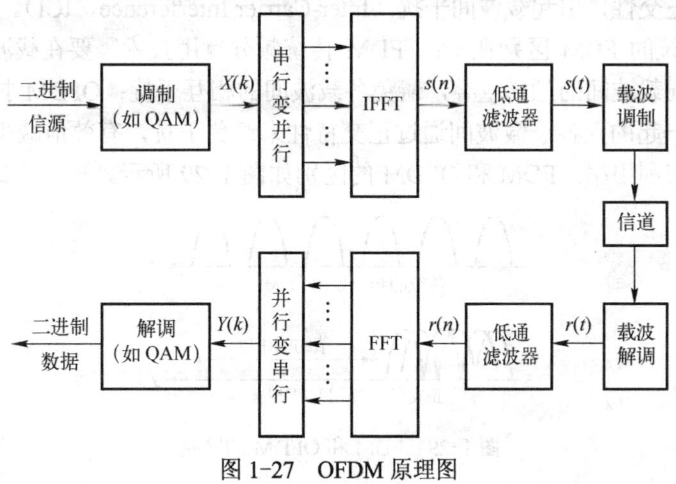

图 1-27　OFDM 原理图

OFDM 应用快速傅里叶逆变换（IFFT）和快速傅里叶变换（FFT）。理论分析用 IDFT/DFT，实际中常用 IFFT/FFT，可以解决产生多个相互正交的子载波和从子载波中恢复原信号的问题，以及多载波传输系统发送和传送的难题。

为了消除符号间干扰（Inter Symbol Interference，ISI），在每个 OFDM 符号间插入保护间隔，如图 1-28 所示。OFDM 符号在送入信道之前，要加入循环前缀（Cyclic Prefix，CP），且 CP 中的信号与 OFDM 符号尾部宽度为 T_g 的部分相同，在接收端先将接收符号开始的宽度为 T_g 的部分丢弃，然后再将剩余的宽度为 T 的部分进行傅里叶变换后解调。

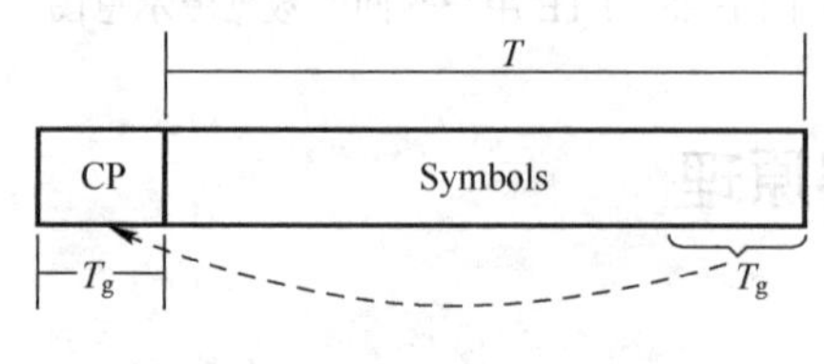

图 1-28　OFDM 符号插入 CP

OFDM 技术具有以下优点：

1）低速并行传输。高速串行数据流经串/并转换后，分割成若干低速并行数据流；每路并行数据流采用独立载波调制并叠加发送。各子载波间通过正交特性来避免干扰，频谱利用率大大提高。

2）抗衰落与均衡。由于 OFDM 对信道频带的分割作用，每个子载波占据相对窄的信道带宽，因而可以看作是平坦衰落的信道。这样 OFDM 技术就具有系统大带宽的抗衰落特性和子载波小带宽的均衡简单的特性。

3）抗多径时延引起的符号间干扰 ISI。在 OFDM 技术中可以引入循环前缀 CP，只要 CP 的时间间隔长于信道时延扩展，就可以完全消除 ISI。

4）实现多用户调度。OFDM 系统可以利用信道的频率选择特性进行多用户调度，用户可以选择最好的频域资源进行数据传输，从而获得频域调度的多用分集增益。

OFDM 技术的缺点表现为：峰均功率比 PAPR 过大，对载波频偏和相位噪声敏感，由于整个 OFDM 系统对各个子载波之间的正交性要求格外严格，任何一点小的载波频偏都会破坏子载波之间的正交性，引起载波间干扰（Inter-Carrier Interference，ICI）。

OFDM 与传统的 FDM 区别在于： FDM 传统频分复用技术需要在载波间保留一定的保护间隔来减少不同载波间的频谱重叠，避免各载波间的相互干扰；OFDM 技术的不同载波间的频谱是重叠在一起的，各子载波间通过正交特性来避免干扰，有效地减少了载波间的保护间隔，提高了频谱利用率，FDM 和 OFDM 的区别如图 1-29 所示。

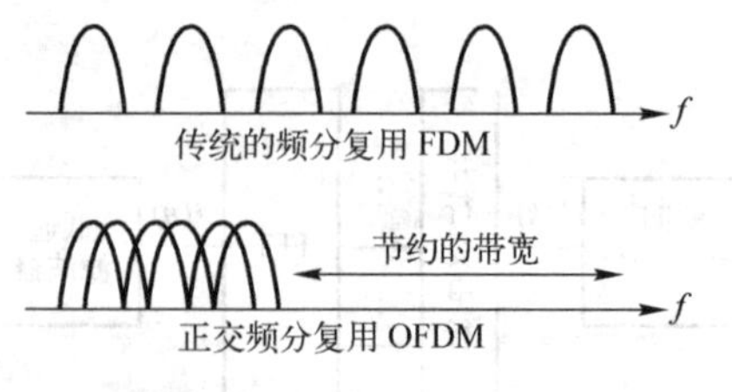

图 1-29　FDM 和 OFDM 的区别

OFDM 中每个子载波承载不同的数据信息，各相邻子载波频率之间相差$\triangle f$=1/T（T：一个 OFDM 符号时间）。各子载波的频谱形状相同，均是时间长度为 T 的矩形波，OFDM 子载波时域和频域波形如图 1-30 所示。因为满足正交，每个子载波的频谱峰值恰好对应其余子载波的零点，即在此频点上各子载波间没有干扰，OFDM 正交子载波频谱示意图如图 1-31 所示。如果一个子载波占 15kHz，则其对应的 OFDM 符号长度为 1/15kHz=66.7μs。

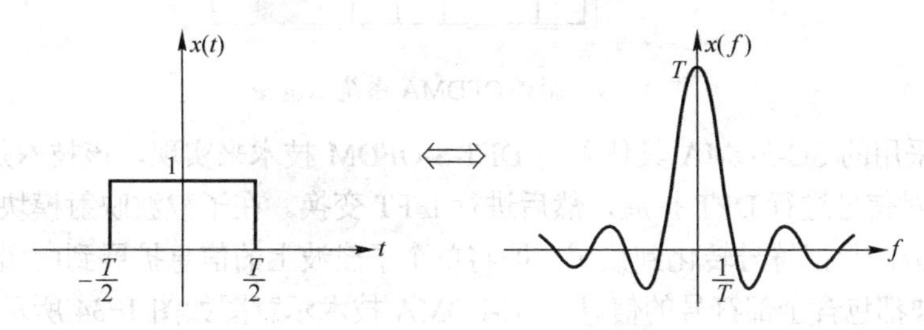

图 1-30　OFDM 子载波时域和频域波形

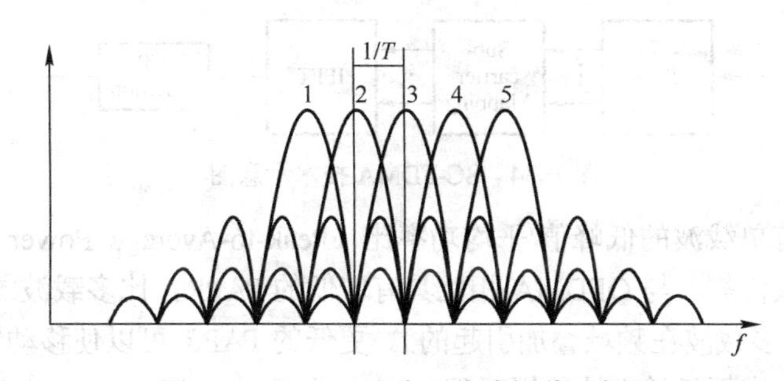

图 1-31　OFDM 正交子载波频谱示意图

将 OFDM 和 FDMA 技术结合形成的正交频分多址技术 OFDMA 技术，又分为子信道 OFDMA 和跳频 OFDMA。

在子信道 OFDMA 系统中，将整个 OFDM 系统的带宽分成若干子信道，每个子信道包括若干个子载波，分配给用户（也可以一个用户占用多个子信道）。OFDM 子载波可以按两种方式组合成子信道：集中式和分布式，如图 1-32 所示。

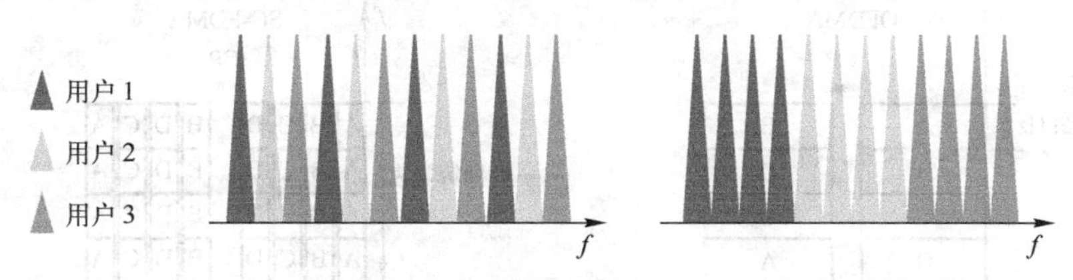

图 1-32　分布式子载波分配和集中式子载波分配

在跳频 OFDMA 系统中，分配给一个用户的子载波资源快速变化，每个时隙，此用户在所有子载波中抽取若干子载波使用，同一时隙中，各用户选用不同的子载波组，调频 OFDMA 系统示意图如图 1-33 所示。

2．SC-FDMA

SC-FDMA 是 LTE 上行链路的主流多址技术，每次发送一个符号的工作方式与时分多址 TDMA 系统类似。

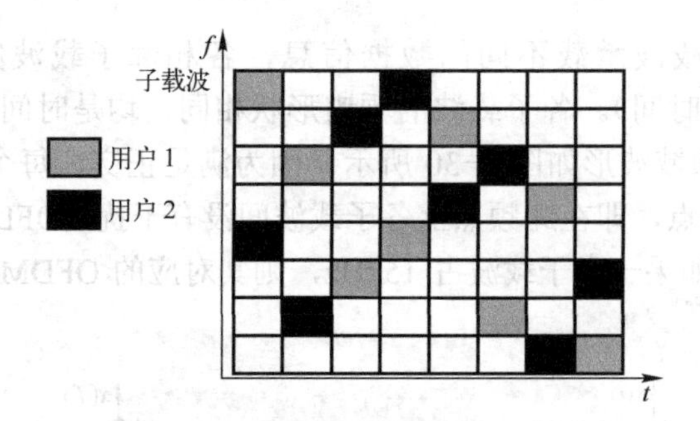

图 1-33　调频 OFDMA 系统示意图

LTE 上行采用的 SC-FDMA 具体采用 DFT-S-OFDM 技术来实现，该技术是在 OFDM 的 IFFT 调制之前对信号进行 DFT 扩展，然后进行 IFFT 变换。在子载波映射模块前增加了一个 DFT 模块，把调制数据符号转化到频域，即将单个子载波上的信息扩展到所属的全部子载波上，每个子载波都包含全部符号的信息，SC-FDMA 技术示意图如图 1-34 所示。这样系统发射的是时域信号，从而可以避免发射频域的 OFDM 信号带来的 PAPR 问题。

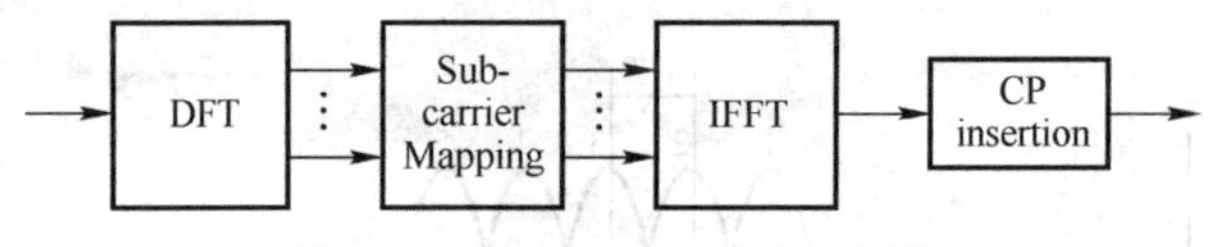

图 1-34　SC-FDMA 技术示意图

SC-FDMA 具有单载波的低峰值/平均功率比（Peak-to-Average Power Ratio，PAPR）和多载波的强韧性两大优势。与 OFDMA 相比具有较低的 PAPR，比多载波的 PAPR 低 1～3dB 左右（PAPR 是由于多载波在频域叠加引起的）。更低的 PAPR 可以使移动终端在发送功效方面得到更大的好处，进而延长电池使用时间。

当用户数为 1，子载波数为 4，DFT 输入点数等于 4 时，OFDMA 和 SC-FDMA 两种技术对 QPSK 数据符号序列传输的情况（两个符号周期内），如图 1-35 所示。

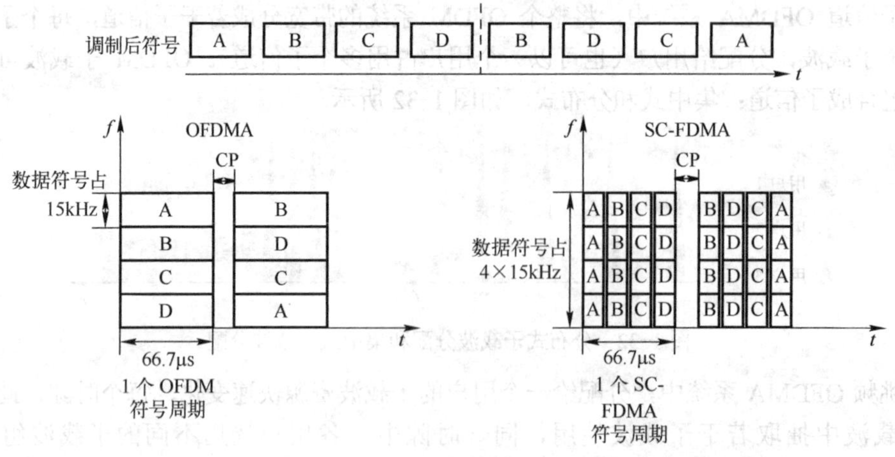

图 1-35　OFDMA 和 SC-FDMA 两种技术传输数据符号示意图

从图 1-35 中可以看出，时域调制结束后，OFDMA 中的 N 个符号是同时并行传输的，每个子载波负责一个符号的传输，符号周期延长了 *N* 倍，而 SC-FDMA 中的 *N* 个符号是串行传输的，每个符号占据全部子载波的带宽。

对于 OFDMA，每个已调符号映射到不同的子载波上，然后叠加在一起发送，发送的时域信号由于有很多信号叠加，导致 PAPR 较高。对于 SC-FDMA 而言，每个符号经过 DFT 扩展到各个子载波上，即每个符号在各个子载波上都有信息承载，可将这些子载波看作一个宽带载波，故称为单载波，其符号周期变短了，具有较低的 PAPR。

SC-FDMA 全部子载波带宽=$N\times15$kHz，对应的符号长度为（$1/N\times15$kHz）$\times N$=66.7μs，同 OFDM 符号长度一样。

3．MIMO 技术

多入多出技术（Multiple-Input Multiple-Output，MIMO）是 LTE 的核心技术。

MIMO 的基本工作原理：在发射端和接收端分别使用多个发射天线和接收天线进行数据的发送和接收，发送端每个天线上发送不同的数据比特，在多散射体的无线环境中，来自每个发射天线的信号在每个接收天线中是不相关的，接收机利用这种不相关性对多个天线发送的数据进行区分和检测。通过多个天线实现多收多发，在不增加频谱资源和天线发射功率的情况下，成倍提高系统信道容量，MIMO 工作原理示意图如图 1-36 所示。

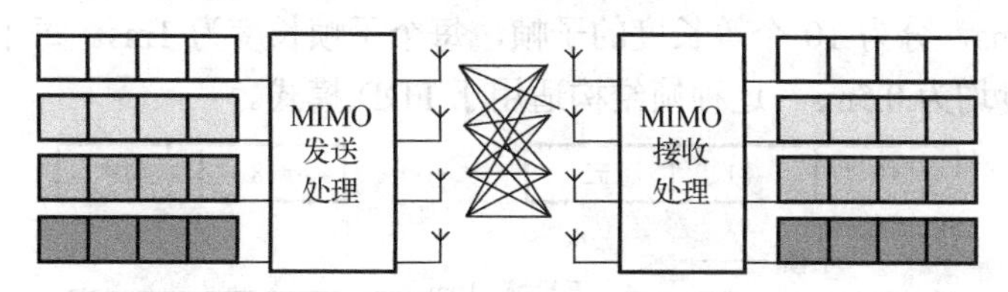

图 1-36　MIMO 工作原理示意图

MIMO 技术包括波束赋形、空间分集、空间复用、空分多址等。这里只做简单介绍。

波束赋形利用较小间距的天线阵元之间的相关性，通过阵元发射的波之间形成干涉，集中能量于某个或某些特定方向上，形成波束，从而实现更大的覆盖和干扰抑制效果。

空间分集利用较大间距的天线阵元之间或赋形波束之间的不相关性，发射或接收一个数据流，避免单个信道衰落对整个链路的影响。空间分集分为空时块码 STBC 和空频块码 SFBC。

空分复用利用较大间距的天线阵元之间或赋形波束之间的不相关性，向一个终端或基站并行发射多个数据流以提高链路容量或峰值速率。目前 LTE 下行支持最多 4 层的空间复用。

空分多址利用较大间距的天线阵元之间或赋形波束之间的不相关性，向多个终端并向发射数据流或从多个终端并行接收数据流，以提高用户容量。适合于用户数量较多，数据率较低的情况。

在实际应用中需要根据不同天线技术的特点及适用场景灵活运用。在 LTE 网络中，下行链路共有 8 种发射模式。

TM 1：单天线端口传输，应用与单天线传输的场合。

TM 2：发送分集模式，适合于小区边缘信道情况比较复杂，干扰较大的情况，也可用于高速移动的情况。

TM 3：开环空分复用，适用于终端 UE 高速移动的情况。

TM 4：闭环空分复用，适用于信道条件较好的场合，用于提供高的数据率传输。

TM 5：多用户 MIMO，用来提高小区的容量。

TM 6：单层闭环空分复用，适用于小区边缘的情况。

TM 7：单流波束赋形主要用于小区边缘，可有效对抗干扰。

TM 8：双流波束赋形用于小区边缘或其他场景。

在 TD-LTE 系统中，发射技术的转换可通过传输模式切换组合实现。目前中国市场 TD-LTE 主要考虑两种天线配置：8 天线和 2 天线。

在 TD-LTE R8 中，适用于 2 天线的传输模式主要有：传输模式 2、传输模式 3、传输模式 4。

8 天线除了可以支持 2 天线的传输模式外，还支持传输模式 7 和传输模式 8。由于 8 天线相比 2 天线的空间自由度更大，所以 8 天线可以更好地支持 MU-MIMO。

上行目前主流终端芯片设计仍然以单天线发射为主，对 eNodeB 多天线接收方式 3GPP 标准没有明确要求。

1.4.2 时隙结构

1. 无线帧结构

LTE 系统支持两种类型的无线帧结构。LTE 无线帧结构类型 1 如图 1-37 所示。每一个无线帧长度为 10ms，分为 10 个等长度的子帧，每个子帧长度为 1ms。每个子帧包含 2 个时隙，每个时隙长度均为 0.5ms。这种帧结构适用于 FDD 模式。

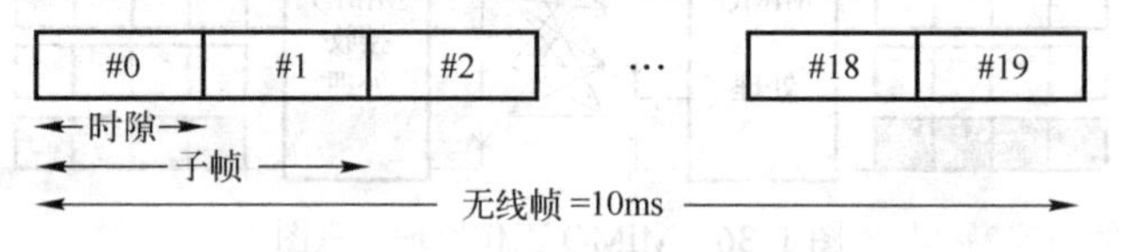

图 1-37　LTE 无线帧结构类型 1

对于 FDD，在每一个 10ms 中，有 10 个子帧可以用于下行传输，并且有 10 个子帧可以用于上行传输。上、下行传输在不同频率上进行。为了提供一致且精确的时间定义，LTE 系统以 T_s= 1/30720000s 作为基本时间单位，系统中所有的时隙长度都是这个基本单位的整数倍。在图 1-37 中，$T_{frame} = 307200T_s$=10ms，$T_{slot} = 15360T_s$=0.5ms。

无线帧结构类型 2 适用于 TDD 模式，如图 1-38 所示。每个 10ms 无线帧分为两个长度均为 5ms 的半帧。每个半帧由 4 个常规子帧和 1 个特殊子帧组成。特殊子帧包括 3 个特殊时隙：DwPTS 下行导频时隙，GP 保护间隔和 UpPTS 上行导频时隙，总长度为 1ms，其中 DwPTS 和 UpPTS 的长度可配置。该图中的时隙可表示为 $T_{frame} = 307200T_s$，$T_{subframe} = 30720T_s$。

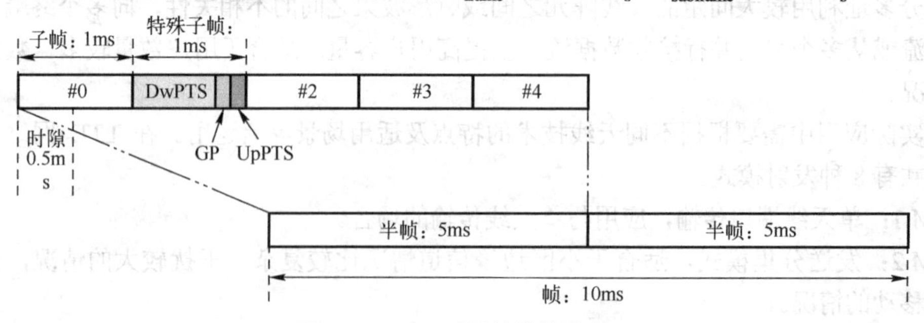

图 1-38　LTE 无线帧结构类型 2

对于 TDD 而言，上下行在时间上分开，载波频率相同。一般来说，子帧 0 和 5 总是用作下行。由于无线帧分割为两个 5ms 的半帧，可分为 5ms 周期和 10ms 周期两类，便于灵活支持不同配比的上下行业务，如图 1-39 所示。在 5ms 周期，子帧 1 和 6 固定为特殊子帧；在 10ms 周期，子帧 1 固定为特殊子帧。

TD-LTE 的特殊子帧可以有多种配置，但无论如何改变 DwPTS、GP 和 UpPTS 的长度，总和都等于 1ms。

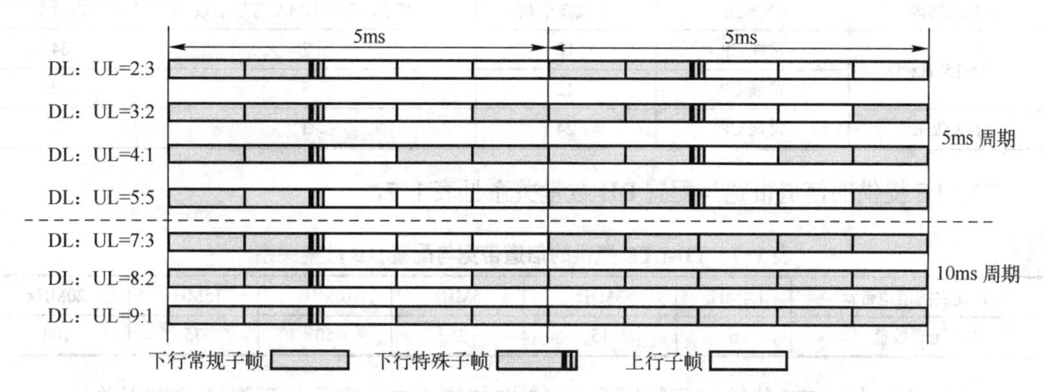

图 1-39　TD-LTE 无线帧 5ms 周期和 10ms 周期上下行业务配比

2．物理层的物理资源

LTE 上下行传输使用的最小资源单位叫作资源粒子（Resource Element，RE），对应时域可传输 1 个 OFDM 或 SC-FDMA 符号，频域对应为 1 个子载波。在进行数据传输时，将上下行时域、频域物理资源组成资源块（Resource Block，RB），是物理层数据传输的资源分配频域最小单位。一个 RB 由若干个 RE 组成，在频域上包含 12 个连续的子载波、在时域上包含 7 个连续的 OFDM 或 SC-FDMA 符号（注：在扩展 CP 情况下为 6 个），即频域宽度为 12×15kHz=180kHz，时间长度为 0.5ms，对应 1 个时隙，RB 和 RC 示意图如图 1-40 所示。

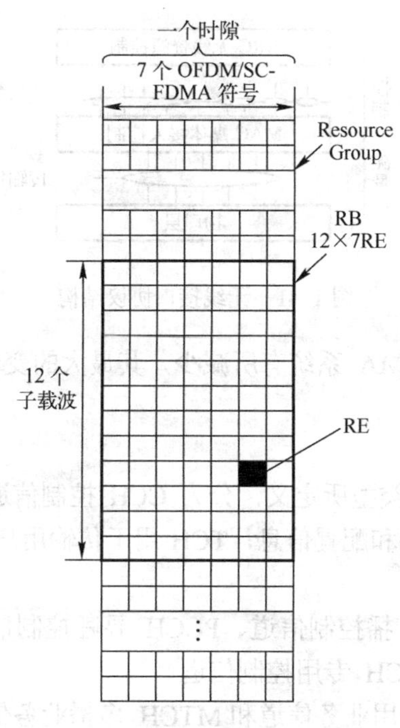

图 1-40　RB 和 RE 示意图

TD-LTE 系统物理资源 RE 与子载波的对应关系见表 1-6。

表 1-6　TD-LTE 系统物理资源 RE 与子载波的对应关系

子载波间隔	CP 长度	子载波个数	OFDM/SC-FDMA 符号个数	RE 个数
△*f*=15kHz	常规 CP	12	7	84
	扩展 CP	12	6	72
△*f*=7.5kHz	常规 CP	24	3	72

TD-LTE 提供的信道带宽与配置 RB 数量关系见表 1-7。

表 1-7　TD-LTE 提供的信道带宽与配置 RB 数量关系

LTE 提供的信道带宽	1.4MHz	3MHz	5MHz	10MHz	15MHz	20MHz
RB 配置数量	6	15	25	50	75	100

在 TD-LTE 中，TTI 传输时间间隔和 CCE 控制信道单元也是物理资源的常用单位。

TTI 表示物理层数据传输调度的时域基本单位，1TTI=1 个子帧=2 个时隙，可以传输 14 个 OFDM 符号。

CCE 表示控制信道的资源单位，1CCE=36REs=9REGs（注：1REG=4REs）。

1.4.3　系统信道

信道可以看作是不同协议层之间的业务接入点，各层之间通过信道联系，即下一层通过信道向其上一层提供服务。MAC 层向 RRC 层以逻辑信道的形式提供服务，对物理层而言，MAC 以传输信道的形式使用物理层提供的服务，无线接口协议结构如图 1-41 所示。

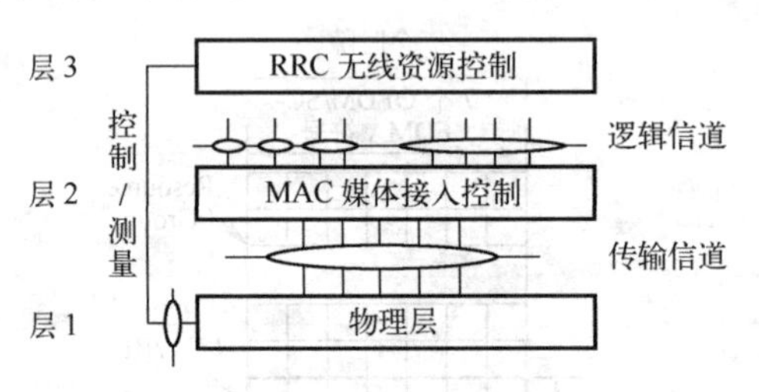

图 1-41　无线接口协议结构

LTE 的信道数量比 WCDMA 系统有所减少，其最大的变化是取消专用信道，在上行和下行都采用共享信道 SCH。

1．LTE 的逻辑信道

逻辑信道由其承载的信息类型所定义，分为 CCH 控制信道和 TCH 传输信道。CCH 用于传输 LTE 系统所必需的控制和配置信息，TCH 用于传输用户数据，TDD LTE 逻辑信道功能列表见表 1-8。

控制信道包括：BCCH 广播控制信道、PCCH 寻呼控制信道、CCCH 公共控制信道、MCCH 多播控制信道以及 DCCH 专用控制信道。

业务信道包括：DTCH 专用业务信道和 MTCH 多播业务信道。

表 1-8　TDD LTE 逻辑信道功能列表

	逻辑信道名称	功能概述
控制信道	广播控制信道 BCCH	用于传输从网络到小区中所有移动终端的系统控制信息。移动终端需要读取在 BCCH 上发送的系统信息
	寻呼控制信道 PCCH	传输寻呼信息和系统信息改变通知。当网络不知道 UE 小区位置时用此信道进行寻呼
	公用控制信道 CCCH	在 UE 和网络之间传送控制消息，UE 与网络之间没有 RRC 连接时使用该信道发送控制信息
	专用控制信道 DCCH	在 UE 和网络之间传送控制消息，UE 与网络之间有 RRC 连接时使用该信道发送控制信息
传输信道	多播控制信道 MTCH	点到多点的下行链路信道，用来发射 MBMS 控制信息
	专用业务信道 DTCH	点到点双向信道，在 UE 与网络之间用来传送用户层面的专用信息

2．LTE 的传输信道

LTE 的传输信道按照上下行区分为下行传输信道和上行传输信道，TDD LTE 传输信道功能列表见表 1-9。

下行传输信道包括：PCH 寻呼信道、BCH 广播信道、MCH 多播信道、DL-SCH 下行链路共享信道。

上行传输信道包括：RACH 随机接入信道、UL-SCH 上行链路共享信道。

表 1-9　TDD LTE 传输信道功能列表

上/下行	信 道 名 称	功 能 概 述
下行传输信道	广播信道 BCH	用于传输 BCCH 逻辑信道上的信息，并将信息广播到小区的整个覆盖区域
	下行共享信道 DL-SCH	是传输下行数据的传输信道。支持 HARQ；支持通过改变调制、编码模式和发射功率来实现动态链路自适应；能够发送到整个小区；能够使用波束赋形；支持动态或半静态资源分配；支持 UE 非连续接收（DRX）以节省 UE 电源；支持 MBMS 传输
	寻呼信道 PCH	用于传输在 PCCH 逻辑信道上的寻呼信息。支持 UE DRX 以节省 UE 电源（DRX 周期由网络通知 UE）；要求发送到小区的整个覆盖区域；映射到业务或其他控制信道也动态使用的物理资源上
	多播信道 MCH	用于支持 MBMS，将多播信息发送到小区的整个覆盖区域
上行传输信道	上行共享信道 UL-SCH	是和 DL-SCH 对应的上行信道。能够使用波束赋形；支持通过改变发射功率和潜在的调制、编码模式来实现动态链路自适应；支持 HARQ；支持动态或半静态资源分配
	随机接入信道 RACH	承载有限的控制信息；有碰撞风险

3．LTE 的物理信道

LTE 的物理信道用于承载源于高层的信息，按上下行分为下行物理信道和上行物理信道，TDD LTE 物理信道功能列表见表 1-10。

表 1-10　TDD LTE 物理信道功能列表

上/下行	物 理 信 道	功 能 概 述
下行	物理广播信道 PBCH	位于每个 10ms 帧内的子帧 0 的第 2 个时隙的前 4 个 OFDM 符号上。包含下行系统带宽 4bit、PHICH 时长及资源指示 3bit、系统帧号 8bit、CRC16bit。在信道条件足够好时，PBCH 所在的每个子帧都可以独立解码
	物理控制格式指示信道 PCFICH	将 PDCCH 占用的 OFDM 符号数目通知给 UE；在每个子帧中都有发射
	物理下行控制信道 PDCCH	将 PCH 和 DL-SCH 的资源分配、以及与 DL-SCH 相关的 HARQ 信息通知给 UE；承载上行调度赋予信息
	物理 HARQ 指示信道 PHICH	承载上行传输对应的 HARQ ACK/NACK 信息
	物理下行共享信道 PDSCH	承载 DL-SCH 和 PCH 信息
	物理多播信道 PMCH	承载 MCH 信息

（续）

上/下行	物 理 信 道	功 能 概 述
上行	物理上行控制信道 PUCCH	承载下行传输对应的 HARQ ACK/NACK 信息 承载调度请求信息 承载 CQI 报告信息
	物理上行共享信道 PUSCH	承载 UL-SCH 信息
	物理随机接入信道 PRACH	承载随机接入前导

下行物理信道包括：CCPCH 公共控制物理信道、PDSCH 物理数据共享信道、PDCCH 物理数据控制信道。

上行物理信道包括：PRACH 物理随机接入信道、PUCCH 物理上行控制信道、PUSCH 物理上行共享信道。

信号通过某一信道进入某一实体进行处理后，又进入其他信道，这个过程称为信道与信道的映射。下行信道的映射关系如图 1-42 所示。上行信道的映射关系如图 1-43 所示。

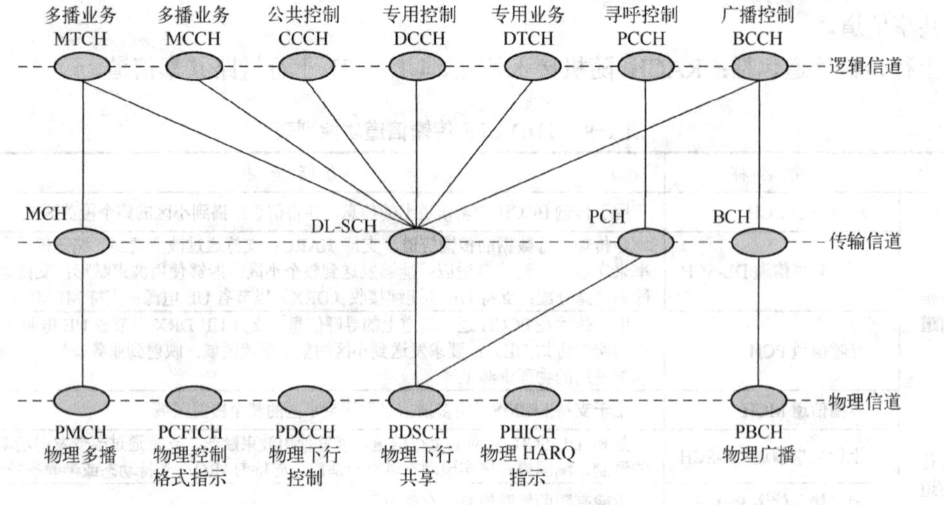

图 1-42　下行信道的映射关系

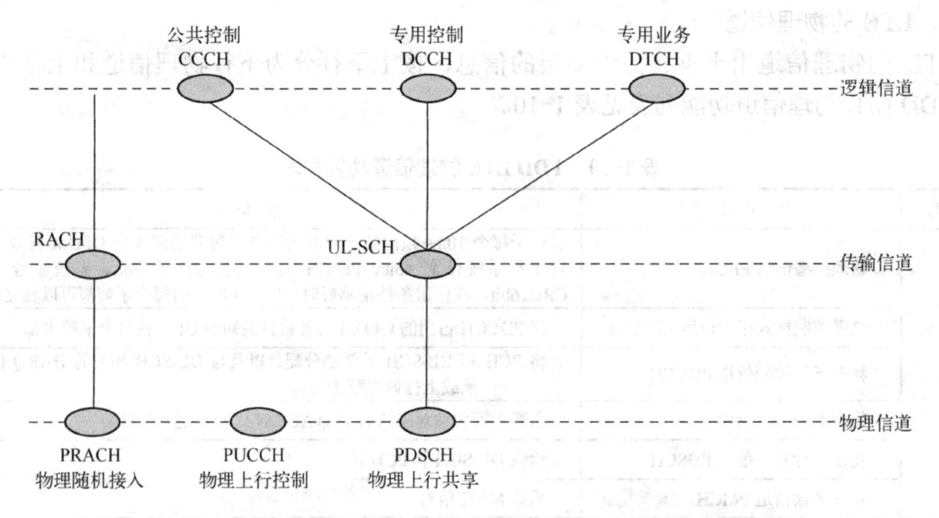

图 1-43　上行信道的映射关系

1.5 思考与练习

1．叙述移动通信的概念。
2．对比移动通信的三种工作方式。
3．概括 FDMA、TDMA、CDMA 三种技术的特点。
4．简述移动通信系统发展的历程。
5．画出 LTE 网络结构，并论述 LTE 网络结构的特点。
6．简述 OFDM 和 SC-FDMA 的技术要点。
7．画出 LTE 无线帧结构图。
8．LTE 的逻辑信道包括哪些？传输信道包括哪些？物理信道包括哪些？
9．画出 LTE 的信道对应关系图。
10．说明 TD-LTE 和 LTE FDD 的区别。

项目2　移动通信工程勘察

[背景]

在本项目中，移动通信工程勘察主要针对的是移动通信系统基站工程勘察与设计。基站工程勘察与设计是网络建设中的一个重要环节，内容包括基站初勘选址、站址获取、勘察、设计及出图等，要求设计人员一方面从规划、可行性研究的高度理解网络建设目标，明确覆盖对象和策略；另一方面从工程和技术两个层面选址勘察设计，以确保设计方案在技术上可行，工程上容易实施并且使网络质量性能达到最优。移动通信工程勘察是移动通信系统设计的重要组成部分，直接影响无线网络的性能和建设成本。

[目标]

1）掌握移动通信工程勘察方法。

2）能执行移动通信工程勘察，完成工程勘察设计。

3）能使用计算机辅助设计（Computer Aided Design，CAD）软件，完成工程勘察设计图。

2.1　引入

中国移动某地分公司需要在某地区新建 TD-LTE 基站，基站机柜位置在某大厦机房内，相关工程人员需要结合设备，进行基站选址、站址勘察、设计及出图，具体的操作步骤包括：实施移动通信工程勘察过程；完成移动通信工程勘察报告；完成工程勘察设计图。

2.2　任务分析

2.2.1　任务实施条件

1）相关勘察设备：数码相机、笔记本式计算机、指南针、钢卷尺、绘图工具、GPS 手持机、地阻仪（可选）、频谱仪（可选）、声波或激光测距仪（可选）及当地地图。

2）维护终端（配置教师机，网络服务器，若干维护终端计算机）。

2.2.2　任务实施步骤

1）制订工作计划。

2）了解移动通信工程勘察过程，描述移动通信工程勘察过程。

3）完成移动通信工程勘察报告。

4）学习 AutoCAD 软件的使用。

5）完成工程勘察设计图。

6）能够对项目完成情况进行评价。

7）根据项目完成过程提出问题及找出解决的方法。

8）撰写项目总结报告。

2.3 勘察知识基础

2.3.1 工程勘察定义

通信工程勘察即在通信工程建设实施前，勘察人员通过现场勘察取得可靠数据，为工程设计、网络规划及工程实施奠定基础。通信工程勘察是工程实施前的一个重要环节。

勘察应按规范执行，勘察结果明确，不允许存在模棱两可的结论。勘察应遵循实事求是的原则，不允许弄虚作假，伪造数据。

2.3.2 移动通信工程勘察概述

根据工程实施进度，现场勘察可分为网络规划现场勘察和工程设计现场勘察两阶段。

网络规划勘察阶段要重点勘察周围地形地貌环境及基站安装位置情况，网络规划勘察可为网络规划提供第一手详尽的资料，能提高网络规划的准确性。通过现场实地勘察，判断站点是否适合建站，如果不适合，需尽早更换站址。

工程设计勘察阶段要完成安装地点的室内及室外的现场勘察、数据采集工作，并进行数据整理，为工程设计、网络规划、排产发货及工程调测等提供准确的数据，估计工程实施中可能遇到的困难，并得出处理问题的方法。同时确定机房设备、天馈系统的布置方法，画出相应图样。

本项目主要针对工程设计勘察阶段的基站工程勘察与设计，其主要目的是完成安装地点的环境勘察；站点勘察，确定基站的安装方式，确定基站所需馈线、电源线、传输线等物料的多少；确定机房设备、天馈系统的布置方法，画出相应图样。勘察原则要求尽可能全的采集所有数据，不要遗漏细微的地方。

2.3.3 勘察规范

1．勘察人员要求

1）有丰富的安装勘察经验。

2）有责任心，工作严谨、细致。

2．准备事项

1）仔细阅读勘察要求。

2）与相关人员联系，记录所需联系人的电话、地址、传真号等。

3）勘察设计人员外出勘察前必须按清单检查应携带物品的齐全性、完好性，原则上是一人准备，另一人核对。勘察需携带物品如下：数码相机、笔记本式计算机、指南针、10m钢卷尺、绘图工具、GPS 手持机、地阻仪（可选）、频谱仪（可选）、声波或激光测距仪（可选）、当地地图。

3．注意事项

1）勘察前协调会：项目经理、勘察人员与用户就勘察分组、勘察进程、车辆和局方陪同人员安排等问题进行沟通，统一双方思想，共同制订勘察计划，合理安排勘察路线。勘察过程中如有疑问，应及时与相关人员沟通，及时与工程项目经理联系。

2）勘察内容、设计方案（设备安装草图）等信息需现场与用户、设计院沟通确认。

3）对机房原有设备，特别是运行中设备，一定要小心，严禁触动其他厂家设备，同时注意保持环境整洁。

4）设计文件是交给现场工程师进行工程督导的文件，内容要求简洁、明了。

5）勘察人员当日必须整理次日所用工具、材料，确保次日工作不受影响。

6）外出勘察时要注意生命财产安全，特别是交通安全。

4．数据预处理

勘察人员须整理当日所收集的原始数据、输入照片、保存原始数据。每日对勘察情况开会总结，做工作日志。

5．勘察记录

勘察人员应认真填写现场勘察记录，要求详实、准确、不遗漏。填写《工程现场勘察报告》，并做出信息汇总表格。

2.3.4 环境勘察

运行环境对网络设备影响很大。在工程设计时，应确保运行环境可使设备良好工作。另外，机房的配套设施也将影响到设备的安装、运行以及操作维护。因此，在勘察时，应严格检查设备的安装环境是否符合设计标准和设备运行条件。

环境勘察首先需要确定本局的地理位置信息，包括地区、县、市、门牌号以及经纬度、海拔高度等。然后可以依次进行以下勘察项目。

1．机房环境检查

用于安装 ENodeB BBU 设备的机房，在安装前应检查下列项目：

1）机房的建设工程应已全部竣工，机房面积适合设备的安装、维护。

2）室内墙壁应已充分干燥，墙面及顶棚涂以阻燃材料。

3）门及内外窗应能关合紧密，防尘效果好。

4）如需新立机架建议机房的主要通道门高大于 2m，宽大于 0.9m，以不妨碍设备的搬运为宜，室内净高 2.5m；否则无此要求。

5）地面每平方米水平误差应不大于 2mm。

6）机房通风管道应清扫干净，空气调节设备应安装完毕并安装防尘网。

7）机房温度要控制在-10～+55℃、湿度要控制在 5%～95%。

8）机房照明条件应达到设备维护的要求。

9）机房应有安全的防雷措施。机房接地应符合要求。

10）机房地面、墙面、顶板、预留的工艺孔洞、沟槽均应符合工艺设计要求。

11）各机房之间相通的孔洞、布设缆线的通道应尽量封闭。

12）应设有临时堆放安装材料和设备的置物场所。

13）机房内部不应通过给水、排水及消防管道。

14）为了设备长期正常稳定地工作，设备运行环境的温湿度应满足一定要求。

2．室外 RRU 站安装环境的检查

1）尽量避免将设备放在温度高、灰尘大和存在有害气体、有易爆物品及气压低的环境中。

2）尽量避开经常有强震动或强噪音的地方。

3）尽量远离降压变电站和牵引变电所。

4）检查天面的空间：天面上是否有足够的空间用来安装天线。天线正对方向 30m 内不要有明显的障碍物。

5）检查天面的承重：楼顶的承重（大于 150kg/m^2）。

6）检查上天面方式：说明上到天面的方式。

7）抱杆的高度应满足网络规划的要求，抱杆直径满足 40～100 mm。

8）核查天面最大风速，测量天面的高度。

9）电磁环境：天面是否有其他无线设备天线，如果有则应注明频段和功率，是否满足隔离度要求。

10）勘察线缆从天线到机房的走线路由。

11）避雷针要求与全向天线的水平距离不小于 1.5m，同时要求天馈设备安装位置在避雷针的保护范围内，空旷地带和山顶保护范围为 30°，其他地域为 45°。定向天线的避雷针可直接安装在抱杆顶端。

12）保证 GPS 接收天线上部±50°范围内没有遮挡物。GPS 天线应处于避雷针下 45°的保护范围内。

13）铁塔方式安装天线，铁塔的设计和安装必须满足通信系统相关规范的要求。

14）检查女儿墙的厚度、高度、材质，是否适合在女儿墙上钻孔安装设备或支架。

15）环境记录：按东西南北方向详细记录基站周围 300m 或 600m 内环境情况。以磁北为 0°，从 0°开始每隔 45°拍摄图片一张；此外拍摄基站安装地点（建筑物或铁塔）照片；如安装地点已有天线，需拍摄现有天线安装情况照片。照片名称如下：周围环境从 0°开始顺时针旋转，名称依次为“0”“45”“90”“135”“180”“225”“270”“315”，分别代表北、东北、东、东南、南、西南、西、西北方向。

室外 RRU 站安装过程中，室外天线安装是需要特别注意的地方，天线安装环境勘察注意事项如下：

1）天线安装选位尽量远离其他发射系统，应保证天线有足够的安装空间。

2）天线挂高指天线中心位置距地面高度，在市区，天线挂高应大致一致。密集市区，平均挂高 30～35m；一般城区，平均挂高 35～40m；郊区及乡村等地天线可较高，以获得大覆盖。

3）天线方位角主要由用户所需覆盖方向而定，指天线主瓣水平指向。方位角以磁北为基准，测量时应使用防磁指南针；天线方位角指向区域应无近距离阻挡物。方位角可以理解为正北方向的平面顺时针旋转到和天线所在平面重合所经历的角度。在实际的天线放置中，方位角通常有 0°、120°和 240°。

4）天线下倾角指天线主瓣垂直指向。可根据基站预期覆盖范围及基站天线挂高，综合考虑初步确定下倾角度。直观看，下倾角是天线和水平面的夹角，天线下倾角=机械下倾角+电子下倾角；机械下倾角是通过天线的上下安装件来调整的，这种方式是以安装抱杆为参照物，与天线形成夹角来计算的；电子下倾角是通过改变共线阵天线振子的相位，改变垂直分量和水平分量的幅值大小，改变合成分量场强强度，从而使天线的垂直方向性图下倾。

5）天线相关参考安装图例如下说明。

抱杆底座式方案适用场合为楼顶平台，空间较宽裕，天线安装地点相对分散。结构形式为 3in 抱杆加十字槽钢底座并配合预制水泥墩。抱杆底座式方案如图 2-1 所示。

抱杆贴墙式方案适合楼顶女儿墙较高（大于 1.2m），且女儿墙墙体材料为实心黏土砖或混凝土浇筑，建筑结构牢固，结构形式为 3in 抱杆贴墙放置，由 3～4 个钢箍固定在女儿墙墙面。抱杆贴墙式方案如图 2-2 所示。

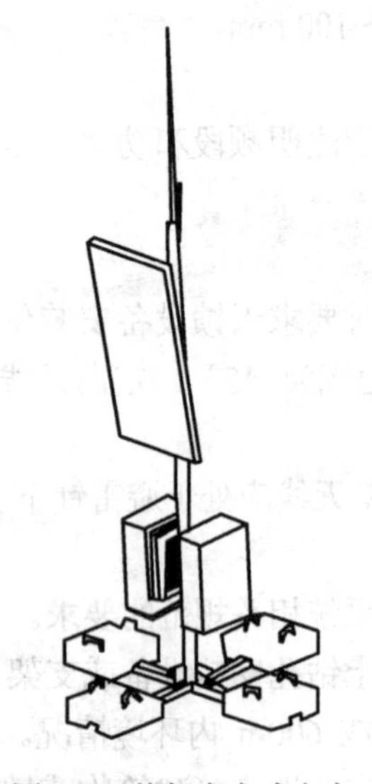

图 2-1　抱杆底座式方案

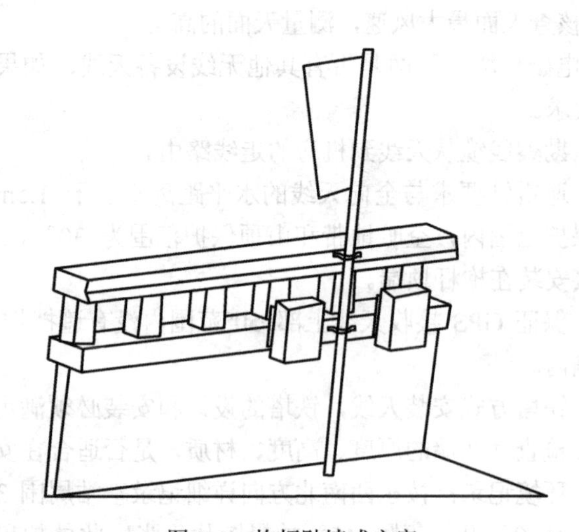

图 2-2　抱杆贴墙式方案

增高架方案适合在楼顶有一定空间（大于 $4m^2$），但并不宽裕的情况下架设天线。材料为专用角钢组装，运输灵活方便，也便于现场操作。

3．室内 RRU 站安装环境的检查

1）尽量避免将设备放在温度高、灰尘大和存在有害气体、有易爆物品及气压低的环境中。

2）尽量避开经常有强震动或强噪声的地方。

3）避免将设备放在潮湿的环境中，检查墙面是否渗水。

4）检查墙体的厚度、材质，是否适合在墙上钻孔安装设备或支架。

5）了解业主对室内走线的要求。

6）尽量避免安装环境存在安全隐患，例如水管、暖气管及煤气管道等。

7）检查软电井里是否有鼠害。

8）检查强电井里是否有电磁干扰。

9）检查电源接入是否具备条件，电压、容量是否满足要求。

10）检查室内是否具备走线条件。

4. 安全检查

对于基站设备的安全性要求如下：

1）机房内或安装地点附近严禁存放易燃易爆等危险物品，必须配备适用的消防器材。

2）不同的电源插座应有明显的标志。动力电与照明电有明显区分。

3）机房或安装地点附近不能有高压电力线、强磁场、强电火花及威胁机房或设备安全的因素。

4）楼板处预留孔洞应配有安全盖板。

5）所有电力线和传输线在从室外引入室内前均应有妥善的防雷措施。

5. 电源以及接地系统

对于基站系统电源电压的要求如下：

1）交流电供电设施除了有市电引入线外，可配备柴油机备用电源。交流电源单独供电，电压范围：（1±10%）380V；（1±10%）220V。

2）直流配电设备供电电压应稳定。

3）蓄电池组的标称电压和电压波动范围应符合基站设备的要求。

6. 电磁辐射防护要求

根据中华人民共和国国家标准 GB 8702-2014《电磁环境控制限值》，为控制电场、磁场、电磁场所致公众暴露，电磁环境中的电场、磁场、电磁场（1Hz～300GHz）的场量限值、评价方法和相关设施（设备）的豁免范围应该符合 GB 8702-2014《电磁环境控制限值》，该标准适用于电磁环境中控制公众暴露的评价和管理。

以 50Hz 工频为例，GB 8702-2014《电磁环境控制限值》中公众曝露工频电场、工频磁场、磁场强度、磁感应强度分别为：4000V/m、80A/m、100μT。

7. 接地及防雷要求

对于基站接地及防雷的要求如下：

1）机架的工作地、保护地应尽可能分别接地。

2）机架间，基站天线、线缆、铁塔及机房正确接地。

3）基站工作地需采用联合接地系统时，基站所在地区土壤电阻率低于 700Ω•m 时，基站地阻应小于 10Ω。否则对基站地阻不做要求，但要求地网的等效半径不小于 20m，并在地网四角敷设 20～30m 的辐射型水平接地体。GPS 馈线在接天线处，铁塔拐弯处和进机房前各接地一次。

4）所有电力线和传输线在室外引入室内前均应有妥善的防雷措施。

5）室内接地系统直接与接地排相连，所有设备接地均连至接地排上，该地线排又与大楼总地线排相连。

6）室外型基站具有很好的抗雷击性能，配电设备采用两级避雷防护。为使设备在雷击大电流释放时不受影响，将避雷器释放地与机柜保护地分开接地。

8. 机房布置

机房布局包括走线架布置，BBU 安装位置，根据机房平面图与机架结构尺寸按照工程设计书来画线定位。如需新设机柜，机柜的摆放位置应充分考虑到线缆到 BBU 的方向，馈线应该尽可能短而且弯曲弧度不应太大；如果需要两个以上的机架时，主机架尽量放在中间位置。

建议机柜布置满足以下要求：

1）一排机柜与另一排机柜之间的距离不小于 0.8m。

2）机柜正面与障碍物的距离不小于 0.8m。

3）机柜的放置应便于操作，多机架并排时，机柜排列应整齐美观。

4）机柜背面与墙面距离应大于 10cm，左侧面与墙面距离应大于 40cm，右侧面与墙面距离应大于 20cm。

2.3.5 站点勘察

站点名称：正确填写站名，具体站址；明确该站是新建站还是扩容站。

站型：正确填写站型的配置，标明是 O1、S11、S111 等站型。

室外型基站需确定基站的安装类型：抱杆安装、墙面安装和平台安装等类型。

1．设备部分

BBU 的机箱有三种安装方式。

1）落地安装：安装在简易 19in 机架内。

2）挂墙安装：壁挂式安装。

3）机柜安装：安装在 19in 标准机柜内。

室外 RRU 安装方式分为两种。

1）抱杆安装：安装在天线下面的主抱杆上，或在铁塔安装时安装在平台护栏内的辅抱杆上。

2）挂墙安装：安装在楼顶女儿墙内侧或楼顶房的外墙。

室内 RRU 安装方式分为两种。

1）挂墙安装：安装在室内墙壁上。

2）抱杆安装：室内墙壁无法安装时可以安装在落地抱杆之上。

2．线缆部分

1）传输线类型要确认现场传输使用光纤还是网线。传输线长度需要确定基站设备和传输设备之间的位置（根据机房图样，实际位置，估计等方式），根据传输线走线的路由，测量出传输线的长度。测量方法可用皮尺或测距仪沿走线路由测量，测距仪的使用方法参见其使用说明书。现场条件不允许，如设备未安装或无皮尺或测距仪的情况下，可用目测或经验值。

2）电源线根据设备需要的电源类型进行勘察，分别有交流 220V，交流 380V，直流 −48V。

电源线长度和数量需要确定电源设备接线端子和基站设备接线端子之间的距离，根据走线路由测量出所需长度。测量方法可用皮尺或测距仪沿走线路由测量，测距仪的使用方法参见其使用说明书。现场条件不允许，如设备未安装或无皮尺或测距仪的情况下，可用目测或经验值。

3）接地线（包括设备保护接地线）是设备与室内接地铜排之间的连接；防雷接地线是避雷器、接地卡和室外接地铜排之间的连接。

地线的长度和数量需要确定设备与接地铜排之间的距离，根据接地线的走向路由，测量出接地线的长度。有多少设备，就有多少根地线。

3．室外天馈系统

1）在 4G 系统中，室外 GPS 天线采用普通 GPS 天线，增益为（38±2）dB。

2）室外天馈系统的线缆需要根据天线与设备之间的线缆走线路由的测量，确定线缆的长度。测量方法可用皮尺沿走线路由测量，现场条件不允许，如设备未安装或无皮尺的情况下，可用目测或经验值，对测量精度要求较高的场所，可使用红外测距仪或测高仪。

2.3.6 工程勘察设计图

1．组网结构图

组网包括交换网、基站网，建议分开绘制结构图。

网络拓扑图中应详细绘出交换设备、基站设备及操作维护中心（Operation and Maintenance Center，OMC）等相关设备之间的组网方式。

绘图时应参照网络规划设计图样。建议使用 AutoCAD 工具软件绘制。

2．机房设备平面布置

绘制平面布置图的要求：

本图应反映出机房的准确尺寸、位置和距离；门窗的位置及机房内梁柱详细信息。原有设备摆放位置，及其现有设备的操作维护对空间的要求。现场勘察需要初步确定馈线的开设位置，根据现有的情况大致确定将来设备的安装工艺。勘察现场完成草图绘制。

1）机房平面布置图主要是描述各机房中设备的平面位置。

2）图中应反映机房各设备的准确尺寸、位置和距离，与局方协调确定每个设备的预留位置并标注。

在标注尺寸、位置和距离时应仔细测量，位置一经双方确定后不得轻易更改。更改设备位置会造成安装设计的更改，影响安装施工进度。更改较大更会造成发货电缆长度与实际不符，从而延误工期，造成损失。当用户因特殊原因要更改时须提前进行书面通知，勘察时此点必须对用户说明清楚。

3）绘图要求：绘出机房的尺寸大小；绘出光纤配线架（Optical Distri bution Frame，ODF）及传输、交换、接入等设备位置；绘出室内防雷箱的位置；对新老设备要区分；注明机架的正面、楼层高度、顶棚及地板高度；注明各种孔洞位置、门、窗位置及尺寸；用平面俯视图描述不清时，可采用局部视图。

4）勘察时先画出草图，根据草图用计算机绘制出正规图。

3．机房走线平面布置图

机房内合理设置走线架，需要考虑机房的梁下净高能否满足设备对走线架高度的要求，保证电源线和信号无交叉，保证馈线或跳线转弯半径合理。

4．机房接地平面图

勘察现场，确认能够满足基站接地要求。如果可以满足，现场确认接地路由和接地方案，详细记录，现场绘制草图。如果现场接地无法满足基站的要求，需确定接地方案，现场绘制草图。

5．室外天馈安装工艺图

勘察现场详细采集所需数据，详细测量与天线位置及走线路由相关的各项数据，并绘制草图，草图要明确反映北的方向，草图上初步确定天线支撑的位置，保证天线的有效覆盖。

天馈系统安装及走线图说明：

1）此图是天馈线安装示意图。

2）绘图要求：绘出铁塔位置、天线（含 GPS 天线）安装位置以及各种参数（如铁塔高度、平台高度、抱杆高度，避雷针高度），必须给出全向天线的安装方式和避雷针的位置和高度；绘出室外走线架的走线图，并注明线缆的各段长度；如果铁塔还未安装，请用户提供铁塔设计图及以后的走线设计；图上可用文字标注各种信息。

3）勘察时先用手工画出草图，根据草图用计算机绘制出 AutoCAD 格式正规图。

6．本期扩容前设备板位现状配置图

如果是非扩容工程，绘制各设备的面板信息，同时现场采集配套设备，并在草图上准确反映；如果是扩容工程，详细采集现有天馈的信息，并反映在草图上。

2.4 任务实施

任务实施需要实施移动通信工程勘察过程，完成移动通信工程勘察报告，完成工程勘察设计图。下面将给出移动通信工程勘察报告和工程勘察设计图的样例，学生需要根据样例完成任务。

2.4.1 移动通信工程勘察报告样例

1．现场勘察概要

1）勘察成员表见表 2-1。

表 2-1 勘察成员表

勘 察 人	单位（部门）	电话/传真	电子邮件
李卫	某工程公司		

2）勘察修订表见表 2-2。

表 2-2 勘察修订表

勘 察	日 期	内 容	备 注
首次勘察	某年某月某日		

3）编制说明。

● 勘察人员在相应勘察项目选项上作相应选择。

- 对于新建房（塔）平面图，原则上由客户或设计院提供建筑图样，如果不能获得建筑图样，现场勘察人员应画出机房的平面草图。
- 不论哪种图样，在机房平面图上都应该标注设备摆放位置和各个方向的尺寸。
- 最终的图样交勘察各方签字确认。
- 对于报告中未能约定的内容以最终书面确认为准。

2．勘查报告

1）勘察项目表见表2-3。

表2-3　勘察项目表

站名：北京市A路B号	基站编号：	基站类型：ZXSDR
地址（具体门牌号）：北京市A路B号6605		日期：某年某月某日

勘察结果表见表2-4。

表2-4　勘察结果表

项　　目	勘察结果（OK/NOK）	情况综述
1.现场位置及大楼	OK	
2.室内安装条件	OK	
3.室外安装条件	OK	
4.可用电力	OK	
5.接地、防雷系统	OK	
6.传输	OK	
7.工作环境	OK	
8.注解		

2）勘察确认。

以上勘察项目经某工程公司移动现场工程代表和客户代表确认已经完成，勘察数据见勘察记录。勘察确认表见表2-5。

表2-5　勘察确认表

移动现场工程代表：	李　卫	客户代表：	王　刚
日期：		日期：	

3．勘察记录

1）现场位置及概述见表2-6。

表2-6　现场位置及概述

编　号	项　目	描　述	备　注
3.1.1	地理位置	经度：116.283923度　纬度：39.581987度	
3.1.2	海拔高度	41 m	
3.1.3	大楼管理办公室	联系人　电话	

2）室外覆盖区域及楼宇详情见表2-7。

表 2-7　室外覆盖区域及楼宇详情

编　号	项　目	描　述	备　注
3.2.1	区域类型	区域类型属于 ___2___ 1．密集市区：高楼商厦（20 层以上）云集区域 2．市区：一般市区，偶有高楼但较分散 3．郊区，县城，大镇：楼房 6 层左右 4．远郊，小镇：楼房 2～6 层 5．旷野，农村，公路站：楼房较少，并分散 6．高速 7．铁路 8．景区	
3.2.2	现场大楼的状态	状态 1、现存（ 层数___1___层高___3___m　楼高___3___m）	如有预期的楼宇结构变更，请备注

3）ENodeB 设备机房表见表 2-8。

表 2-8　ENodeB 设备机房表

编　号	项　目	描　述	备　注
3.3.1	机房类型	☑1．室内机房　☐2．室内竖井　☐3．室外型	
3.3.2	ENode B 机房位置	在 ___1___ 层___预制板___房间	
3.3.3	ENode B 机房占有	☐独占　☑2．与其他设备共用	
3.3.4	ENode B 机房结构	结构___3___ 1．现浇　2．预制板　3：通信机房　4：电梯机房　5：平房 6：楼顶简易房　7：其他________	
3.3.5	顶棚	是否有顶棚：☐1．是　☑2．否	
3.3.6	地面结构	结构：___3___ 1．混凝土　2．木质地板 3．架空防静电地板（架空高度_0.5 m） 4．其他________	
3.3.7	电缆走线架	走线架是否需要新建：☐1．是　☑2．否	
3.3.8	馈线窗	是否需要增加馈线窗：☐1．是　☑2．否	

4）室外安装条件见表 2-9。

表 2-9　室外安装条件

编　号		描　述	备　注
3.4.1	天线安装	地面塔： 平台数量________，各平台高度__________m 塔高于地平线的高度：__________m 平台占用情况________ 1．占用（____系统______副天线）2．未占用 本次利用平台 ________ 该平台可利用空余抱杆________ 需新增抱杆________ 是否计划增加平台______　1．是　　2．否 楼顶塔： 楼高 __________m 平台数量_____各平台距屋顶高度__________m 塔高于屋顶的高度：__________m	从中选择使用的天线安装方式填写

（续）

编　号		描　述				备　注
3.4.1	天线安装	女儿墙抱杆： 女儿墙高度________m 是否需要增加抱杆______数量________个 抱杆长度________m 落地式抱杆： 是否需要增加抱杆__是__数量__3__个 抱杆长度__3__m 屋顶增高架 高度____m　天线安装高度______m				
3.4.2	GPS	是否需要新增 GPS 天线抱杆或底座 ☑1．是　□2．否				
3.4.3	覆盖目标					
3.4.4	天线方位角(度)		S1	S2	S3	
		设计值	0	120	240	
		勘察值	0	120	240	
3.4.5	天线下倾角(度)		S1	S2	S3	
		设计值				
		勘察值				
3.4.6	室外走线架	是否需要新增室外走线架□1．是　☑2．否				

5）需要安装的设备表见表 2-10。

表 2-10　需要安装的设备表

编　号	项　目	描　述	备　注
3.5.1	基站	类型选择：ZXSDR 数量__1__台 配置__S111__ 安装方式：__3__ 1．水平安装 2．落地安装 3．综合柜内 4．其他：	
3.5.2	天线	1．类型：__B__ A．全向______；　B．定向（扇区数__3__） 2．型号__平板智能天线子系统__　__3__副	
3.5.3	外部告警	已经有外部告警系统　☑1．是　□2．否 外部告警信息通过 NB 来传递　☑1．是　□2．否	

6）供电系统表见表 2-11。

表 2-11　供电系统

编　号	项　目	描　述	备　注
3.6.1	机房内供电情况	供电情况__3__ 1．　220V 工作电源 2．　380V 工作电源 3．__-48__V 直流电源 剩余容量是否满足需求　□1．有　☑2．无 接线柱有空位　☑1．有　□2．无	
3.6.2	交（直）流配电箱	☑1．有　□2．无	

7）接地、防雷系统见表 2-12。

表 2-12　接地、防雷系统

编　　号	项　　目	描　　述	备　　注
3.7.1	机房内接地排	现存___1___计划增加___0___	
3.7.2	馈线室外接地排	现存___1___计划增加___0___	
3.7.3	室外接地连接	已有室外接地系统___1___ 1．是　2．否　3．不可用　4．需要改进 已有室外接地排___1___ 1．是　2．否　3．不可用　4．需要改进 (空余位置___a___a.是 b.否) 铁塔本身已经接地___1___ 1．是　2．否　3．不可用　4．需要改进 对室外接地系统的评估结果为___1___ 1．好　2．一般可用　3．不可用	

8）传输表见表 2-13。

表 2-13　传输表

编　　号	项　　目	描　　述	备　　注
3.8.1	传输方式	现用传输方式___1___ 1．光纤　2．网线　3．其他	
3.8.2	机房内传输	配线架情况：___2___ 1．GE 电口采用超 5 类双绞线，使用 RJ45（水晶头）接头。 2．光纤接头，类型选择：___1___ LC、FC、ST、SC	

9）工作环境表见表 2-14。

表 2-14　工作环境表

编　　号	项　　目	描　　述		备　　注
3.9.1	停车及货物运输			
3.9.2	进入/材料运输	☑1．开箱前运输	☐2．开箱后运输	
3.9.3	垂直搬运	☐1．电梯	☑2．楼梯	
3.9.4	空调	☑1．有	☐2．无	
3.9.5	密封	☑1．密封	☐2．需要密封	
3.9.6	灭火器	☑1．有	☐2．无	

10）线缆长度汇总表见表 2-15。

表 2-15　线缆长度汇总表

<table>
<tr><th>名　　称</th><th colspan="2">扇区/m</th><th>说　　明</th><th>备　　注</th></tr>
<tr><td>GPS 馈线</td><td colspan="2">15</td><td>ENodeB 机架到 GPS</td><td></td></tr>
<tr><td rowspan="2">设备直流电源线</td><td>0V</td><td>-48V</td><td rowspan="2">电源至 ENodeB 机架</td><td rowspan="2"></td></tr>
<tr><td>5</td><td>5</td></tr>
<tr><td>地线长度</td><td colspan="2">30</td><td>用作 ENode B 主设备保护接地、直流防雷盒接地、GPS 防雷接地等</td><td></td></tr>
<tr><td rowspan="2">传输线长度</td><td colspan="2">类型：LC-LC 接头光纤</td><td rowspan="2">ENodeB BBU 机架到 RRU</td><td rowspan="2"></td></tr>
<tr><td colspan="2">长度：40</td></tr>
</table>

11）备注（未尽事宜请在此说明）。

12）环拍图汇总表见表 2-16。

表 2-16　环拍图汇总表

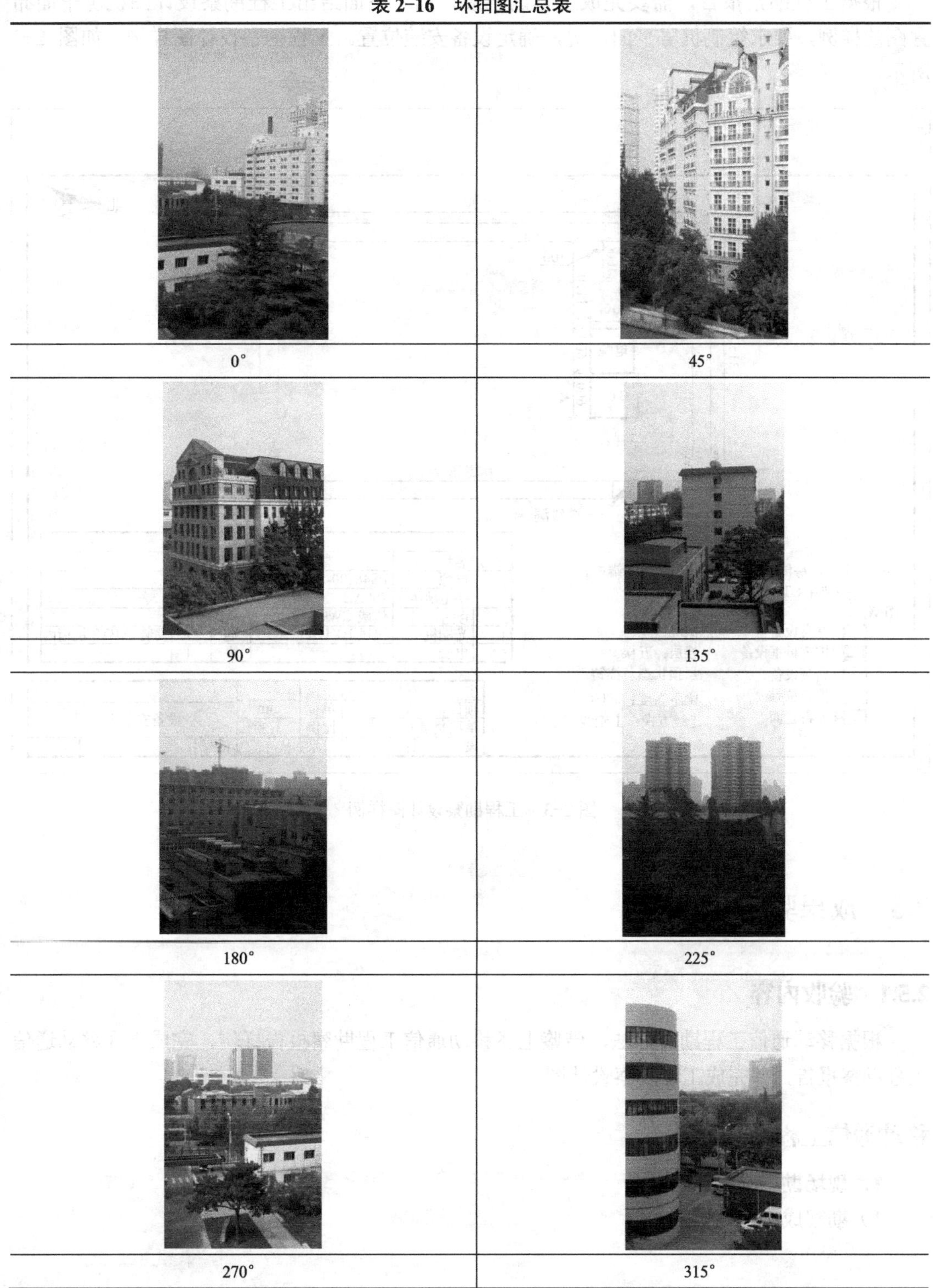

0°	45°
90°	135°
180°	225°
270°	315°

2.4.2 工程勘察设计图样例

根据工程勘察报告，需要完成工程勘察设计图。下面给出工程勘察设计图机房平面布置图的样例，要求绘制机房平面情况，确定设备安装位置。工程勘察设计图样例，如图 2-3 所示。

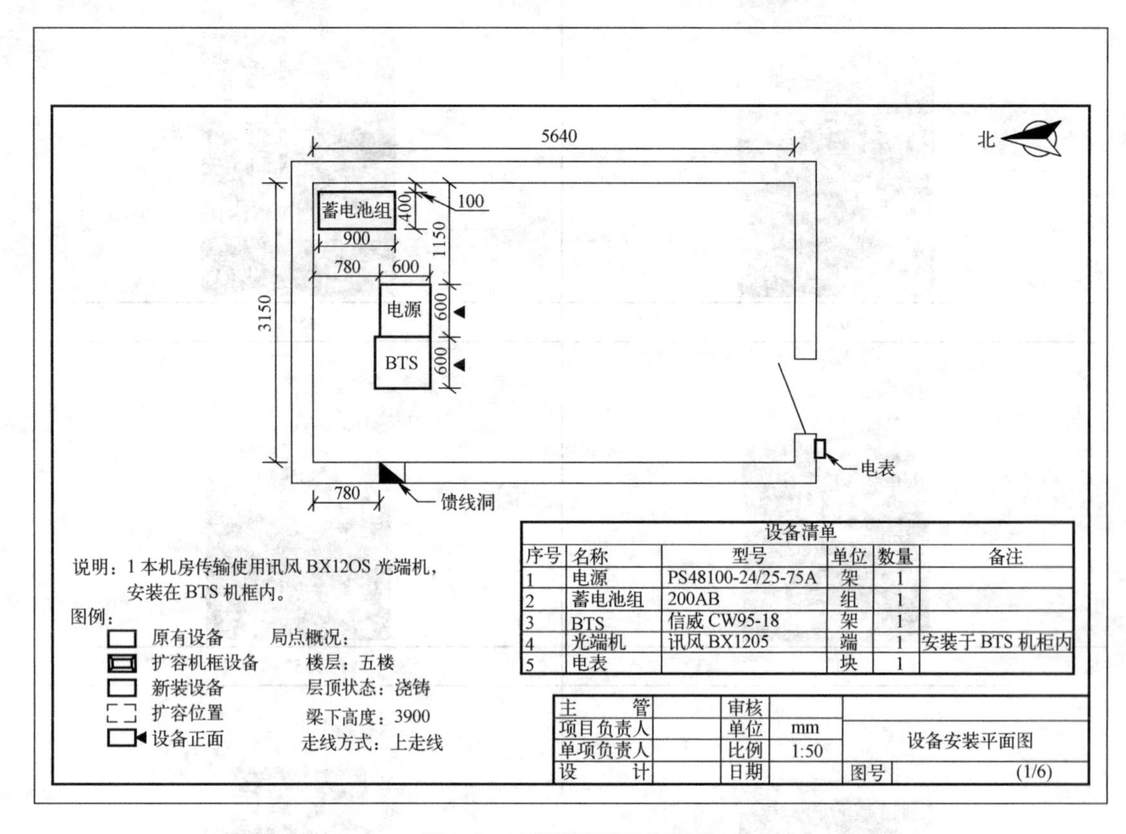

图 2-3 工程勘察设计图样例

2.5 成果验收

2.5.1 验收内容

根据移动通信工程勘察方法，借鉴上述移动通信工程勘察报告样例，完成下面移动通信工程勘察报告，并完成工程勘察设计图。

移动通信工程勘察报告

1．现场勘察概要

1）勘察成员表见表 2-17。

表 2-17 勘察成员表

勘 察 人	单位（部门）	电话/传真	电子邮件

2）勘察修订表见表 2-18。

表 2-18 勘察修订表

勘 察	日 期	内 容	备 注
首次勘察			

3）编制说明。

- 勘察人员在相应勘察项目选项上作相应选择。
- 对于新建房（塔）平面图，原则上由客户或设计院提供建筑图样，如果不能获得建筑图样，现场勘察人员应画出机房的平面草图。
- 不论哪种图样，在机房平面图上都应该标注设备摆放位置和各个方向的尺寸。
- 最终的图样交勘察各方签字确认。
- 对于报告中未能约定的内容以最终书面确认为准。

2. 勘查报告

1）勘察项目表见表 2-19。

表 2-19 勘察项目表

站名：________	基站编号：______	基站类型：______
地址（具体门牌号）：____________________		日期：______

勘察结果表见表 2-20。

表 2-20 勘察结果表

项 目	勘察结果（OK/NOK）	情 况 综 述
1. 现场位置及大楼		
2. 室内安装条件		
3. 室外安装条件		
4. 可用电力		
5. 接地、防雷系统		
6. 传输		
7. 工作环境		
8. 注解		

2）勘察确认。

以上勘察项目经某工程公司移动现场工程代表和客户代表确认已经完成，勘察数据见勘察记录。勘察确认表见表 2-21。

表 2-21　勘察确认表

移动现场工程代表：		客户代表：	
日期：		日期：	

3．勘察记录

1）现场位置及概述见表 2-22。

表 2-22　现场位置及概述

编　　号	项　　目	描　　述	备　　注
3.1.1	地理位置	经度：__________　纬度：__________	
3.1.2	海拔高度	__________m	
3.1.3	大楼管理办公室	联系人　　　　　　　电话	

2）室外覆盖区域及楼宇详情见表 2-23。

表 2-23　室外覆盖区域及楼宇详情

编　　号	项　　目	描　　述	备　　注
3.2.1	区域类型	区域类型属于__________ 1．密集市区：高楼商厦（20 层以上）云集区域 2．市区：一般市区，偶有高楼但较分散 3．郊区，县城，大镇：楼房 6 层左右 4．远郊，小镇：楼房 2～6 层 5．旷野，农村，公路站：楼房较少，并分散 6．高速 7．铁路 8．景区	
3.2.2	现场大楼的状态	状态 1．现存（层数____层高_____m　楼高___ m）	如有预期的楼宇结构变更，请备注

3）ENodeB 设备机房表见表 2-24。

表 2-24　ENodeB 设备机房表

编　　号	项　　目	描　　述	备　　注
3.3.1	机房类型	□1．室内机房　□2．室内竖井　□3．室外型	
3.3.2	ENodeB 机房位置	在________层____房间	
3.3.3	ENodeB 机房占有	□1．独占　□2．与其他设备共用	
3.3.4	ENodeB 机房结构	结构____________ 1．现浇　2．预制板　3．通信机房　4．电梯机房　5．平房　6．楼顶简易房 7．其他_________	
3.3.5	顶棚	是否有顶棚：□1．是　□2．否	
3.3.6	地面结构	结构：____________ 1．混凝土　　2．木质地板 3．架空防静电地板（ 架空高度____m） 4．其他__________	
3.3.7	电缆走线架	走线架是否需要新建：□1．是　□2．否	
3.3.8	馈线窗	是否需要增加馈线窗：□1．是　□2．否	

4）室外安装条件见表 2-25。

表 2-25 室外安装条件

<table>
<tr><th>编 号</th><th></th><th colspan="4">描 述</th><th>备 注</th></tr>
<tr><td>3.4.1</td><td>天线安装</td><td colspan="4">地面塔：
平台数量______各平台高度______m
塔高于地平线的高度:______m
平台占用情况______
1. 占用（___系统______副天线） 2. 未占用
本次利用平台 ______
该平台可利用空余抱杆______
需新增抱杆______
是否计划增加平台______ 1、是 2、否
楼顶塔：
楼高 ______m
平台数量____各平台距屋顶高度______m
塔高于屋顶的高度：______m
女儿墙抱杆：
女儿墙高度______m
是否需要增加抱杆______数量______个
抱杆长度______m
落地式抱杆：
是否需要增加抱杆______数量______ 个
抱杆长度______m
屋顶增高架：
高度______m 天线安装高度______m</td><td>从中选择使用的天线安装方式填写</td></tr>
<tr><td>3.4.2</td><td>GPS</td><td colspan="4">是否需要新增 GPS 天线抱杆或底座 □1. 是 □2. 否</td><td></td></tr>
<tr><td>3.4.3</td><td>覆盖目标</td><td colspan="4"></td><td></td></tr>
<tr><td rowspan="3">3.4.4</td><td rowspan="3">天线方位角（°）</td><td></td><td>S1</td><td>S2</td><td>S3</td><td rowspan="3"></td></tr>
<tr><td>设计值</td><td></td><td></td><td></td></tr>
<tr><td>勘察值</td><td></td><td></td><td></td></tr>
<tr><td rowspan="3">3.4.5</td><td rowspan="3">天线下倾角（°）</td><td></td><td>S1</td><td>S2</td><td>S3</td><td rowspan="3"></td></tr>
<tr><td>设计值</td><td></td><td></td><td></td></tr>
<tr><td>勘察值</td><td></td><td></td><td></td></tr>
<tr><td>3.4.6</td><td>室外走线架</td><td colspan="4">是否需要新增室外走线架 □1. 是 □2. 否</td><td></td></tr>
</table>

5）需要安装的设备表见表 2-26。

表 2-26 需要安装的设备表

编 号	项 目	描 述	备 注
3.5.1	基站	类型选择：______ 数量 ______台 配置 ______ 安装方式：______ 1. 水平安装 2. 落地安装 3. 综合柜内 4. 其他：	
3.5.2	天线	1. 类型：______ A. 全向 ； B. 定向（扇区数______） 2. 型号______ ___副	
3.5.3	外部告警	已经有外部告警系统 □1. 是 □2. 否 外部告警信息通过 NB 来传递 □1. 是 □2. 否	

6）供电系统见表 2-27。

表 2-27　供电系统

编　　号	项　　目	描　　述	备　　注
3.6.1	机房内供电情况	供电情况________ 1．220V 工作电源 2．380V 工作电源 3．______V 直流电源 剩余容量是否满足需求 □1．是　□2．否 接线柱有空位 □1．是　□2．否	
3.6.2	交（直）流配电箱	□1．是　□2．否	

7）接地、防雷系统见表 2-28。

表 2-28　接地、防雷系统

编　　号	项　　目	描　　述	备　　注
3.7.1	机房内接地排	现存____________计划增加________	
3.7.2	馈线室外接地排	现存__________计划增加________	
3.7.3	室外接地连接	已有室外接地系统________ 1．是　2．否　3．不可用　4．需要改进 已有室外接地排______ 1．是　2．否　3．不可用　4．需要改进 （空余位置________a.是　b.否） 铁塔本身已经接地________ 1．是　2．否　3．不可用　4．需要改进 对室外接地系统的评估结果为__________ 1．好　2．一般可用　3．不可用	

8）传输表见表 2-29。

表 2-29　传输表

编　　号	项　　目	描　　述	备　　注
3.8.1	传输方式	现用传输方式 __________ 1．光纤还是　2．网线　3．其他	
3.8.2	机房内传输	配线架情况：__________ 1．GE 电口采用超 5 类双绞线，使用 RJ45（水晶头）接头。 2．光纤接头，类型选择：__________ LC、FC、ST、SC	

9）工作环境表见表 2-30。

表 2-30　工作环境表

编　　号	项　　目	描　　述	备　　注
3.9.1	停车及货物运输		
3.9.2	进入/材料运输	□1．开箱前运输　□2．开箱后运输	
3.9.3	垂直搬运	□1．电梯　□2．楼梯	
3.9.4	空调	□1．有　□2．无	
3.9.5	密封	□1．密封　□2．需要密封	
3.9.6	灭火器	□1．有　□2．无	

10）线缆长度汇总表见表 2-31。

表 2-31　线缆长度汇总表

<table>
<tr><th>名　称</th><th colspan="2">扇区/m</th><th>说　明</th><th>备　注</th></tr>
<tr><td>GPS 馈线</td><td colspan="2"></td><td>ENodeB 机架到 GPS</td><td></td></tr>
<tr><td rowspan="2">设备直流电源线</td><td>0V</td><td>-48V</td><td rowspan="2">电源至 ENodeB 机架</td><td rowspan="2"></td></tr>
<tr><td></td><td></td></tr>
<tr><td>地线长度</td><td colspan="2"></td><td>用作 ENode B 主设备保护接地、直流防雷盒接地、GPS 防雷接地等</td><td></td></tr>
<tr><td rowspan="2">传输线长度</td><td colspan="2">类型：</td><td rowspan="2">ENodeB BBU 机架到配线架</td><td rowspan="2"></td></tr>
<tr><td colspan="2">长度：</td></tr>
</table>

11）备注（未尽事宜请在此说明）。

12）环拍图汇总表见表 2-32。

表 2-32　环拍图汇总表

0°	45°
90°	135°
180°	225°
270°	315°

2.5.2 验收标准

验收标准见表 2-33。

表 2-33 验收标准

验收内容		分值	自我评价	小组评价	教师评价
工作计划		5			
勘察报告	环境勘察	10			
	设备与供电，接地	10			
	线缆勘察	5			
	其他内容	5			
工程勘察设计图	机房比例尺寸正确	10			
	现有设备比例尺寸正确	10			
	安装设备的位置尺寸符合要求	10			
安全文明生产	安全、文明的操作	4			
	有无违纪和违规现象	3			
	良好的职业操守	3			
学习态度	不迟到，不缺课，不早退	4			
	学习认真，责任心强	3			
	积极参与完成项目	3			
项目总结报告	对项目完成情况进行评价	10			
	提出问题及找出解决的方法	5			
自我，小组，教师评价分别总计得分					
总分					

2.6 思考与练习

1．工程勘察的定义是什么？

2．移动通信工程勘察可分为哪两个阶段，分别要完成什么工作？

3．移动通信工程勘察需要携带的物品包括哪些？

4．移动通信工程勘察中，机房勘察包括哪些内容？

5．移动通信工程勘察中，天线安装有哪些方式？

6．BBU 的机箱有哪几种安装方式？室外 RRU 有哪几种安装方式？室内 RRU 有哪几种安装方式?

2.7 附录

勘查用仪器仪表介绍见表 2-34。

表 2-34　勘查用仪器仪表介绍

仪器仪表名称	用途简介	实物图片
地阻仪	用于各种电气设备及建筑物接地电阻的测量。广泛使用于通信、电力、铁路、气象及基建等行业	CR-ER02 单钳口地阻仪
万用表	用来测量电阻，交直流电压和电流、晶体管的主要参数及电容器的电容等	数字万用表
测距仪	用来测量距离，主要有激光测距仪和超声波测距仪等	手持激光测距仪
罗盘	主要用来测量方位角和物体的夹角，也有水平仪的功能，测量物体的水平度	罗盘
手持 GPS	可以测量所在位置的经度纬度、高度等信息	手持 GPS

线缆及接头介绍见表 2-35。

表 2-35 线缆及接头介绍

名称		简单描述	相关图样
E1 传输线		属于同轴电缆，用作地面信号传输，使用的标准是 2M/E1	 E1 传输线
光纤尾纤		类似于光纤跳线，一般两头都配有所需的光纤接头	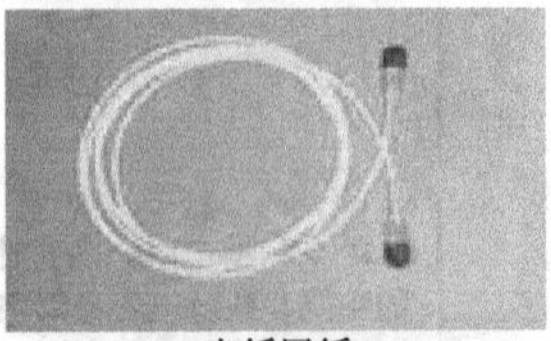 光纤尾纤
光纤接头	FC	圆形带螺纹（配线架上用得最多）	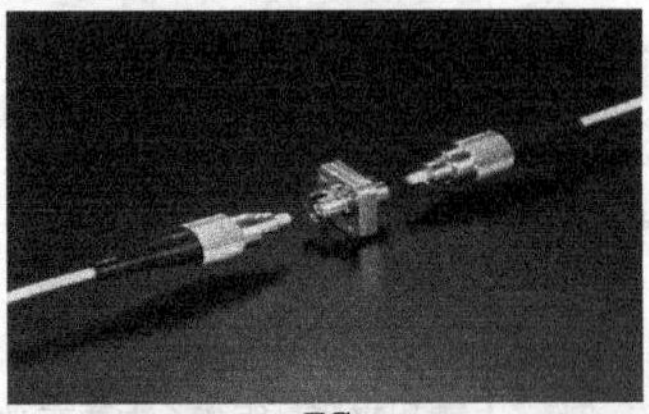 FC
	SC	卡接式标准方形接头，传输设备侧光接口一般用 SC 接头	 SC
	LC	与 SC 接头形状相似较 SC 接头小一些	 LC
馈线		属于同轴电缆，连接天线和射频模块，传输无线电波	结构示意图 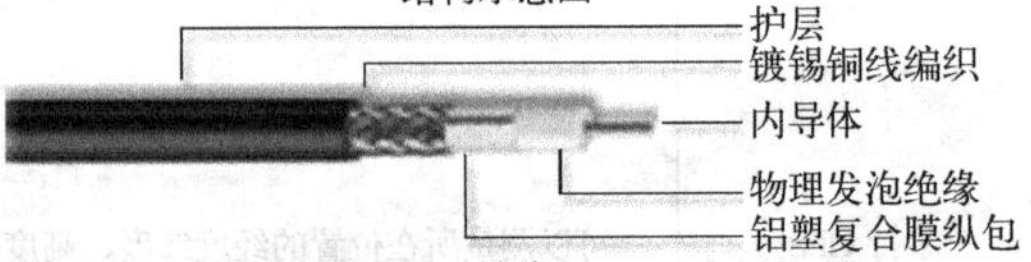 护层 镀锡铜线编织 内导体 物理发泡绝缘 铝塑复合膜纵包 馈线
E1 传输线接头	BNC	常用于数字配线盒等小型传输转接装置	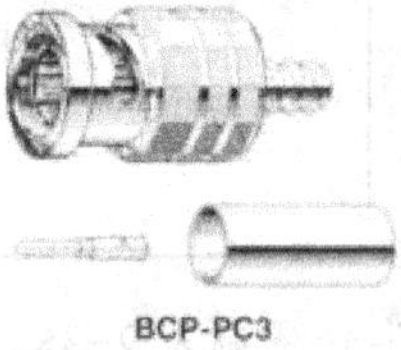 BCP-PC3 BNC

（续）

名　　称		简 单 描 述	相 关 图 样
E1 传输线接头	L9	用于最常见的 DDF 数字配线架上的一种 E1 传输线接头	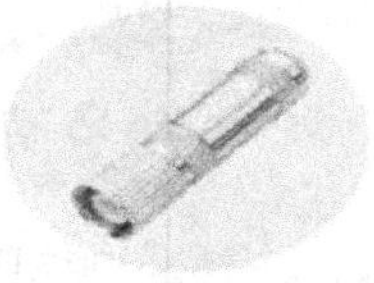 L9
	CC4Y	用于 Node B，作为 E1 传输的接口	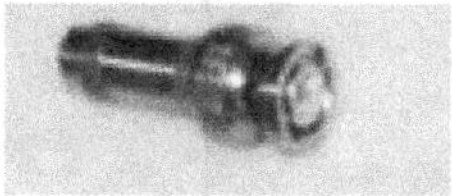 CC4Y
RJ45		俗称以太网线接口，用于 PC 调试终端和网管终端	 RJ45
N 型公/母头		用作射频同轴电缆的接头，一般器件上为母头，线缆上为公头	 N 型公/母头

相关器件简介见表 2-36。

表 2-36　相关器件

名　　称	说　　明	图　　片
接地铜排	用来汇接各种接地线，并连接到地网上	 接地铜排
定向天线	能向特定方向发射无线电波，一般主瓣宽度为 90°或者 60°，用来构建定向基站的一个扇区	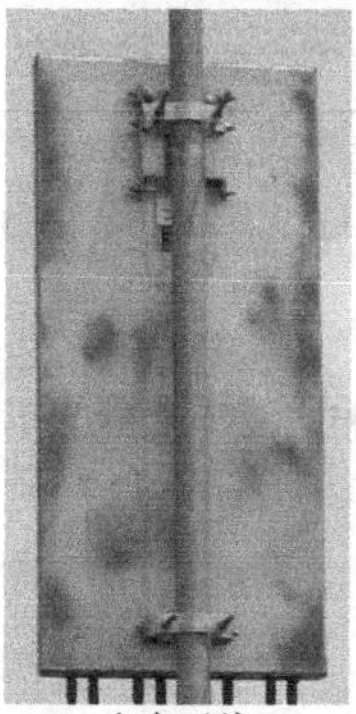 定向天线

（续）

名　称	说　明	图　片
8 阵子全向智能天线	能向四周 360° 发射无线电波，用来构建全向基站	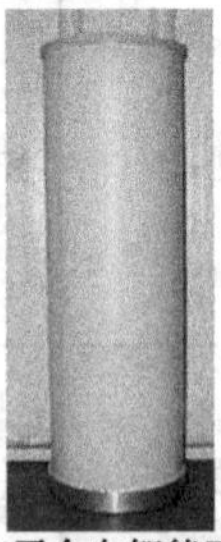 8 阵子全向智能天线
数字配线盒	用来连接传输线缆。根据需要可以转接 E1 或者光纤	 数字配线盒
DDF 配线架	数字配线架，用来转接传输线，可提供各种同轴电缆数字传输线的接头转接器	 DDF 配线架
ODF 配线架	光纤配线架，用来转接光纤传输，可提供各种光纤接头转接器	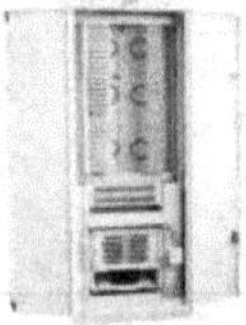 ODF 配线架
直流配电柜	用于提供稳定的直流电源，以及电源环境监控，管理和安全保护等	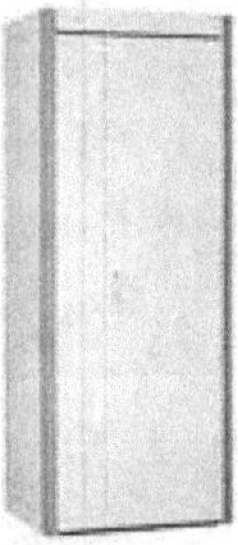 直流配电柜

项目3 中兴TD-LTE基站设备硬件结构与安装

[背景]

LTE网络架构结构由核心网EPC、接入网E-UTRAN和用户终端UE 三部分组成。LTE网络架构结构变得扁平化，无线RNC/BSC 消失。EPC控制面使用MME进行处理，用户面使用 SGW 和 PGW 进行处理。LTE 接入网 E-UTRAN 中的基站设备名称为 eNodeB，即 Evolved Node B，eNodeB相比现有3G中的NodeB，集成了部分RNC的功能，减少了通信时协议的层次。LTE相比 GSM 和 UMTS，在逻辑接口上定义了 S1/X2 逻辑接口。eNodeB与EPC通过S1接口连接，与其他eNodeB间通过X2接口连接，使用X2逻辑接口进行手机切换的控制和用户缓存数据的传送。E-UTRAN结构示意图，如图3-1所示。

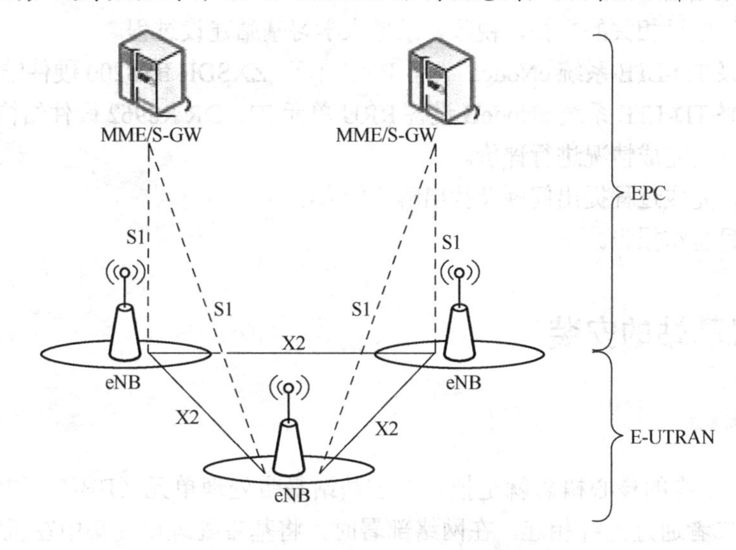

图3-1 E-UTRAN结构示意图

[目标]

1）掌握分布式基站的安装方法和要求。

2）掌握中兴TD-LTE系统eNodeB设备BBU单元ZXSDR BS8200硬件结构。

3）掌握中兴TD-LTE系统eNodeB设备RRU单元ZXSDR R8962硬件结构。

3.1 引入

在基站建设过程中，掌握基站的建设方法和要求以及掌握相关设备硬件结构与原理是完成基站建设的基础，掌握上述的内容才能正确地完成基站的硬件安装，完成硬件安装后才可以进一步进行设备的软件配置，最终实现基站设备的安装建设。本项目具体的内容包括基站建设的方法和中兴 TD-LTE 系统 eNodeB 设备硬件结构与原理。

3.2 任务分析

3.2.1 任务实施条件

1）中兴 TD-LTE 系统 eNodeB 设备 BBU 单元 ZXSDR BS8200、中兴 TD-LTE 系统 eNodeB 设备 RRU 单元 ZXSDR R8962。

2）在没有真实设备的情况下，本项目可以采用中兴 TD-LTE 实验仿真教学软件来进行教学。

3.2.2 任务实施步骤

1）制订工作计划。

2）描述分布式基站的安装方法和要求。

3）通过基站建设相关的文档，视频，录像来学习基站建设过程。

4）说明中兴 TD-LTE 系统 eNodeB 设备 BBU 单元 ZXSDR BS8200 硬件结构。

5）说明中兴 TD-LTE 系统 eNodeB 设备 RRU 单元 ZXSDR R8962 硬件结构。

6）能够对项目完成情况进行评价。

7）根据项目完成过程提出问题及找出解决的方法。

8）撰写项目总结报告。

3.3 分布式基站的安装

3.3.1 概述

分布式基站结构的核心概念就是把传统宏基站基带处理单元（BBU）和射频拉远单元（RRU）分离，二者通过光纤相连。在网络部署时，将基带处理单元集中在机房内，通过光纤与规划站点上部署的射频拉远单元进行连接，完成网络覆盖，从而降低建设维护成本、提高效率。

1．BBU 的安装方式

BBU 安装方式分为简易挂墙架挂墙安装、HUB 柜挂墙安装和与其他设备共 19in 机架安装三种安装方式。简易挂墙架挂墙安装如图 3-2 所示。

HUB 柜挂墙安装如图 3-3 所示。

与其他设备共 19in 机架安装如图 3-4 所示。

2．RRU 的安装方式

RRU 安装方式分为挂墙安装、RRU 和防雷箱背靠背安装、RRU 和 RRU 背靠背安装和 RRU 采用扩展架组件安装四种安装方式，挂墙安装如图 3-5 所示。

RRU 和防雷箱背靠背安装如图 3-6 所示。

RRU 和 RRU 背靠背安装如图 3-7 所示。

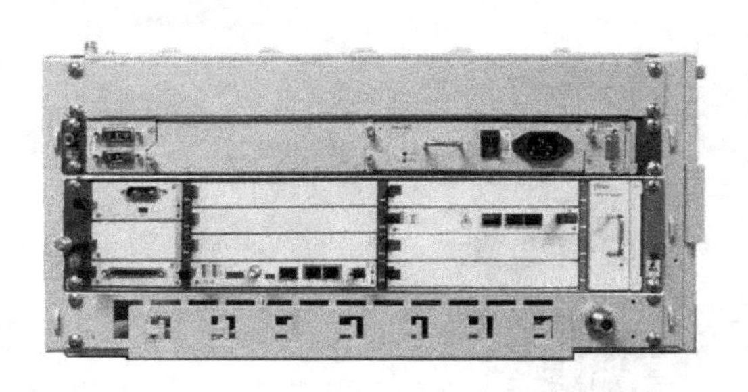

图 3-2　简易挂墙架挂墙安装

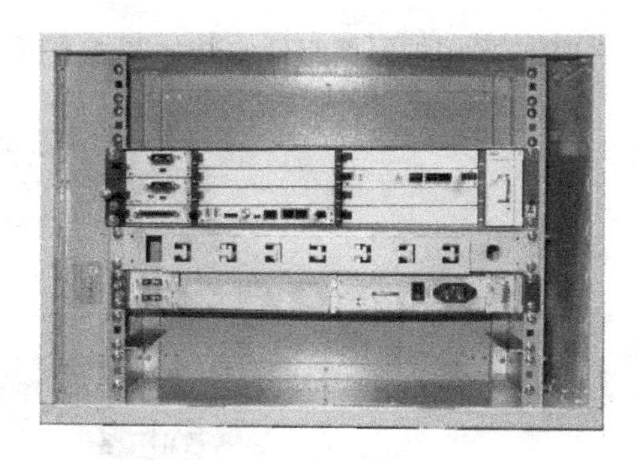

图 3-3　HUB 柜挂墙安装

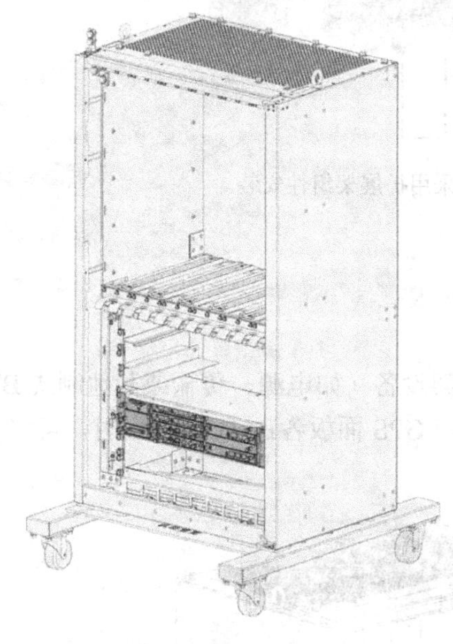

图 3-4　与其他设备共 19in 机架安装

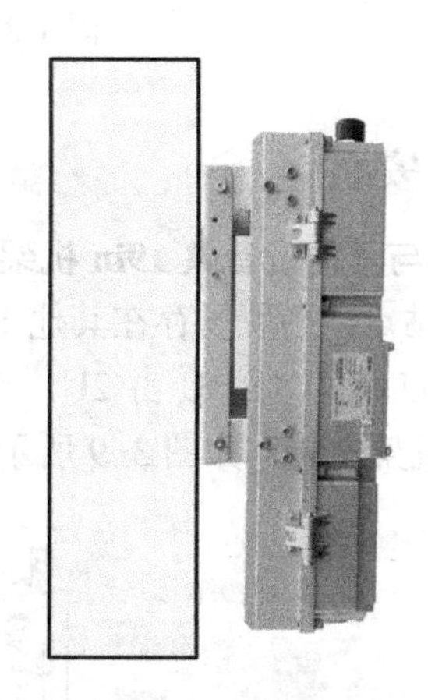

图 3-5　挂墙安装

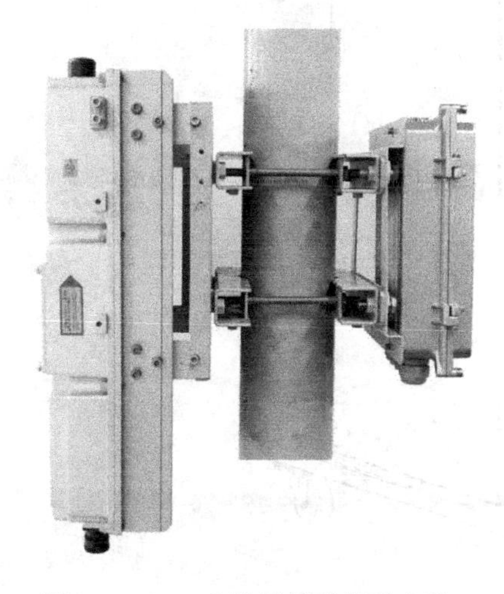

图 3-6　RRU 和防雷箱背靠背安装

图 3-7　RRU 和 RRU 背靠背安装

RRU 采用扩展架组件安装如图 3-8 所示。

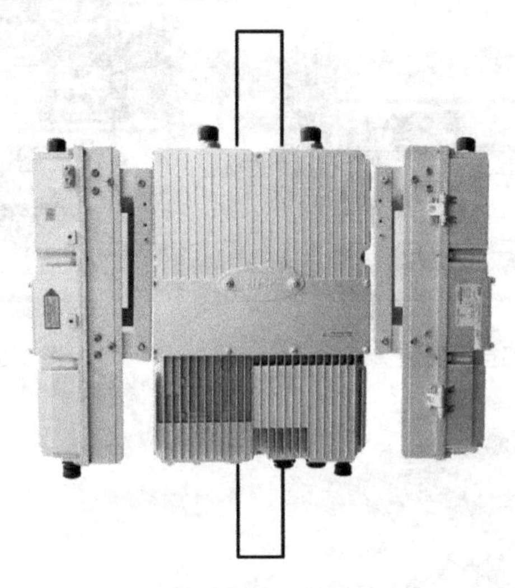

图 3-8 RRU 采用扩展架组件安装

3.3.2 BBU 安装

1．BBU 与其他设备共 19in 机架安装

在 BTS 站点，当现场存在其他 19in 机架设备（如电源、传输或其他制式 BTS 等）且机架中至少有 4U 空间（BBU 占 2U，走线槽和 GPS 面板各占 1U）可用时，可将 BBU 与其他设备共 19in 机架安装，如图 3-9 所示。

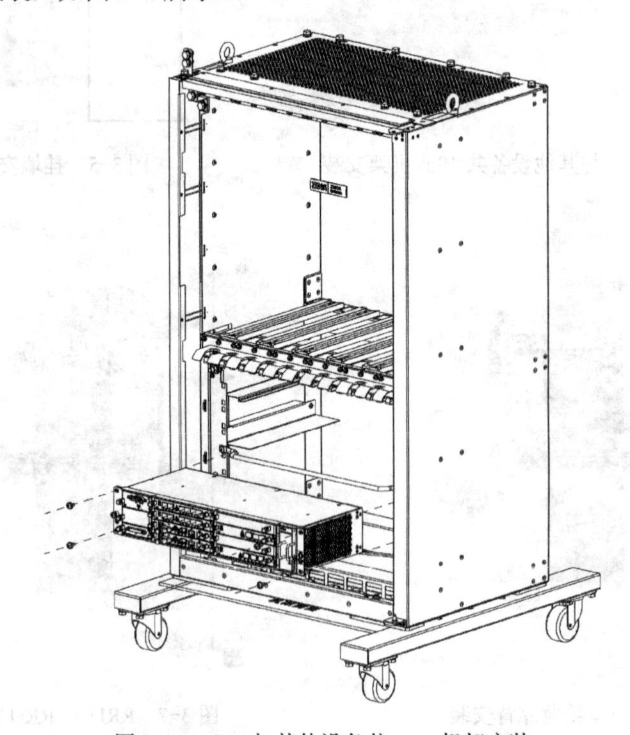

图 3-9 BBU 与其他设备共 19in 机架安装

BBU 为左右通风，安装位左右应有 70mm 以上的通风空间。

2．BBU HUB 柜安装

BBU HUB 柜安装流程如下：

1）根据工程设计图样在墙上确定 HUB 柜的具体安装位置，用打孔模板在墙上标记出孔位。

2）用电动冲击钻在标记的位置钻孔，安装膨胀螺栓，BBU HUB 柜安装流程图 1 如图 3-10 所示。

3）将绝缘垫圈两片分开，BBU HUB 柜安装流程图 2 如图 3-11 所示。

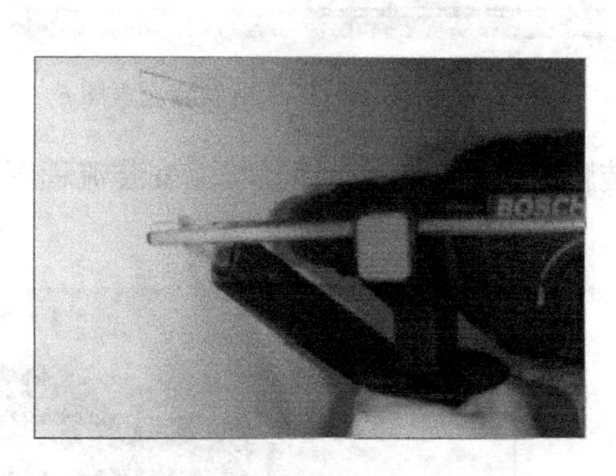

图 3-10　BBU HUB 柜安装流程图 1

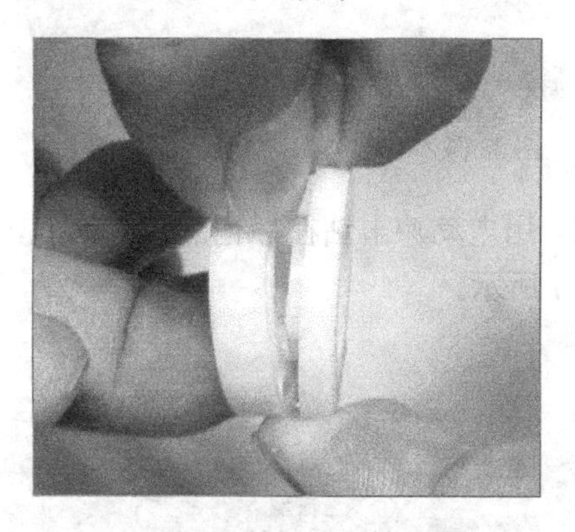

图 3-11　BBU HUB 柜安装流程图 2

4）将绝缘垫圈安装在 HUB 柜地角的螺钉孔上。注意绝缘垫圈两片厚度不同，安装方向必须一致，BBU HUB 柜安装流程图 3 如图 3-12 所示。

5）将 4 个地角分别用两颗螺钉固定在 HUB 柜背面，BBU HUB 柜安装流程图 4 如图 3-13 所示。

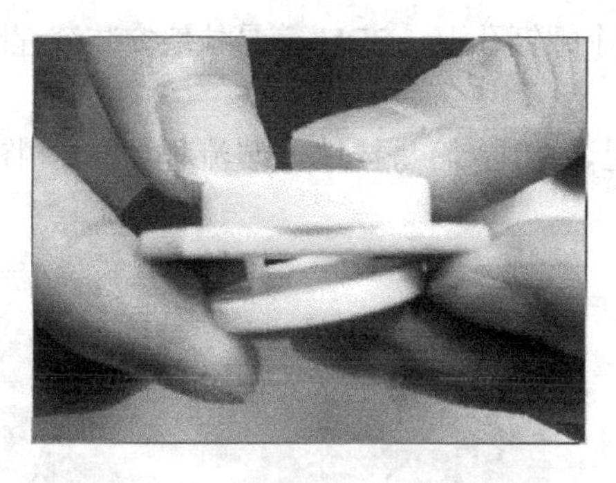

图 3-12　BBU HUB 柜安装流程图 3

图 3-13　BBU HUB 柜安装流程图 4

6）用膨胀螺栓将 HUB 柜固定在墙上，BBU HUB 柜安装流程图 5 如图 3-14 所示。

7）将 BBU、GPS 面板、电源模块依次固定在 HUB 柜对应位置，BBU HUB 柜安装流程图 6 如图 3-15 所示。

3．BBU 简易挂墙安装

BBU 简易挂墙安装流程如下：

1）根据工程设计图样在墙上确定 HUB 柜的具体安装位置，用打孔模板在墙上标记出孔位，BBU 简易挂墙安装流程图 1 如图 3-16 所示。

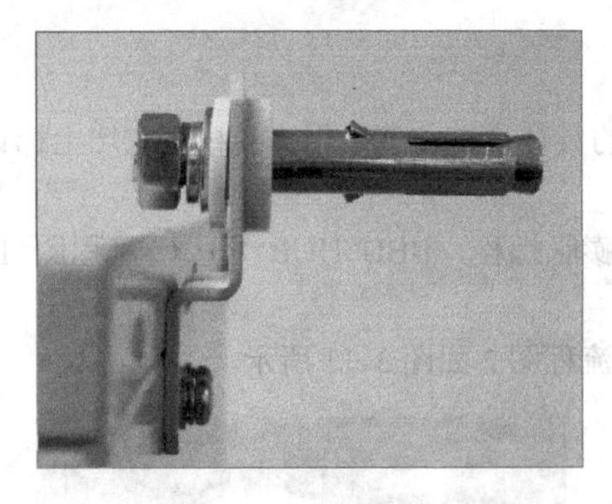

图 3-14　BBU HUB 柜安装流程图 5

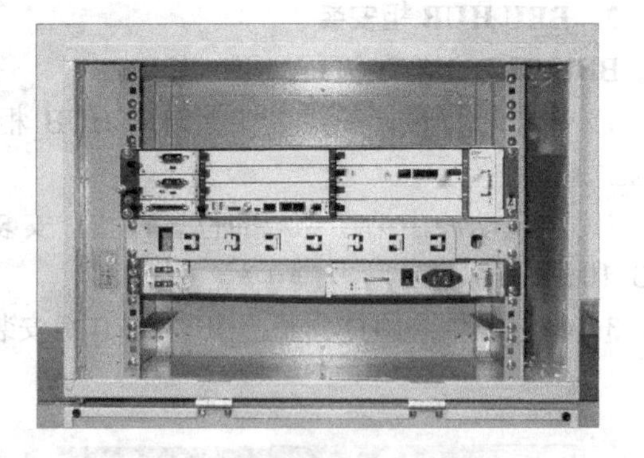

图 3-15　BBU HUB 柜安装流程图 6

2）用电动冲击钻在标记的位置钻孔，安装膨胀螺栓，BBU 简易挂墙安装流程图 2 如图 3-17 所示。

图 3-16　BBU 简易挂墙安装流程图 1

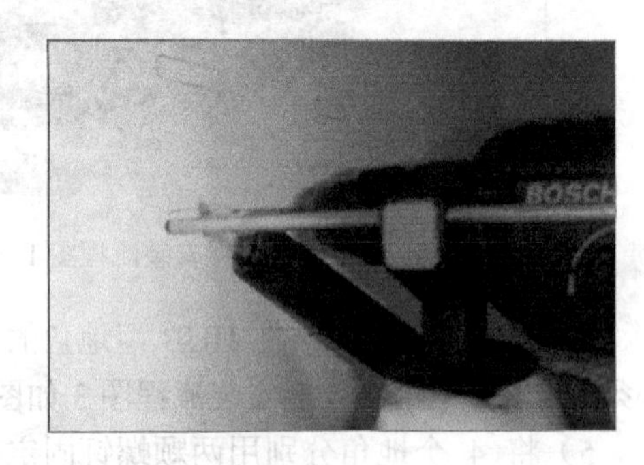

图 3-17　BBU 简易挂墙安装流程图 2

3）将绝缘垫圈安装在简易挂墙架背面的 4 个螺钉孔上，BBU 简易挂墙安装流程图 3 如图 3-18 所示。

4）用膨胀螺栓将简易挂墙架固定在墙面上，BBU 简易挂墙安装流程图 4 如图 3-19 所示。

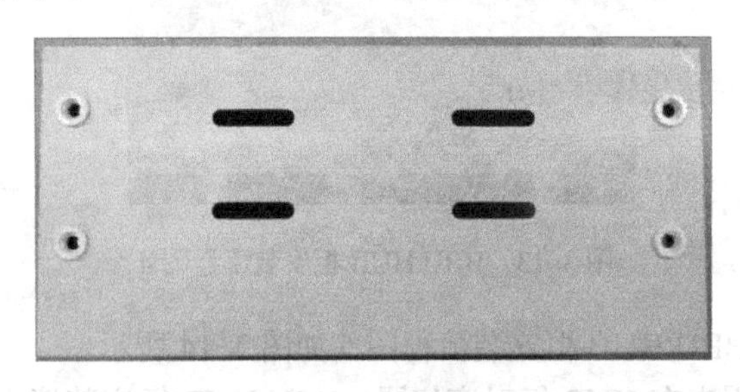

图 3-18　BBU 简易挂墙安装流程图 3

图 3-19　BBU 简易挂墙安装流程图 4

5）将 BBU、GPS 面板、电源模块依次固定在简易挂墙架对应位置，BBU 简易挂墙安装流程图 5 如图 3-20 所示。

4．BBU 线缆连接

BBU 线缆连接示意图，如图 3-21 所示。

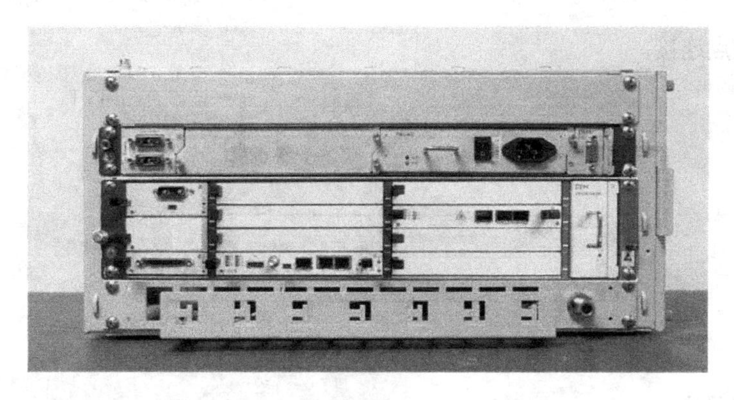

图 3-20 BBU 简易挂墙安装流程图 5

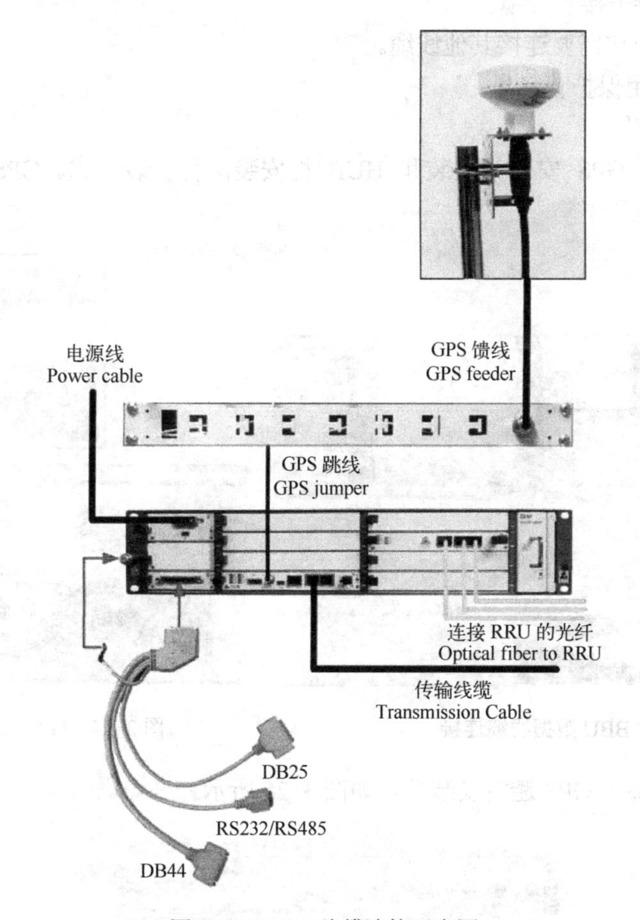

图 3-21 BBU 线缆连接示意图

1）BBU 电源线连接，如图 3-22 所示。

BBU 电源线连接 BBU PM 模块的电源接口和电源插箱的“-48V OUTPUT1”接口。

电源插箱的“110/220V-INPUT”接口连接交流市电。

2）数据线缆连接，如图 3-23 所示。

一分四数据线缆与 BBU SA 模块数据线缆接口连接，并用接头自带螺钉固定。数据线地线与 BBU 接地点连接。

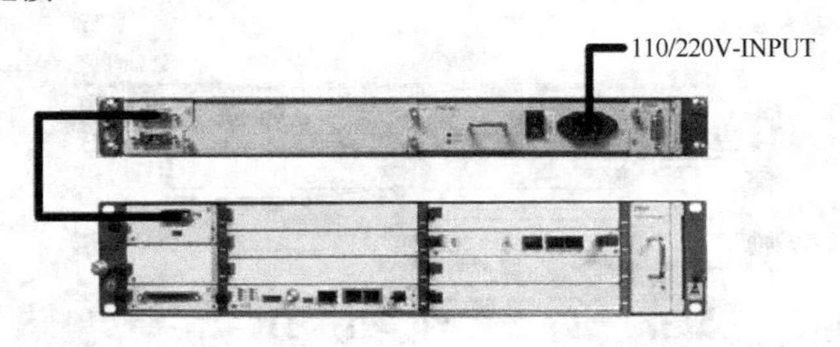

图 3-22　BBU 电源线连接

DB44 接口悬空。

DB25 接口连接干接点线缆。

RS232/485 接口按需要连接其他线缆。

不用的接口应用保护套包裹。

3）GPS 线缆连接。

GPS 避雷器有 GPS 安装架安装和 HUB 柜安装两种安装方式。GPS 安装架安装，如图 3-24 所示。

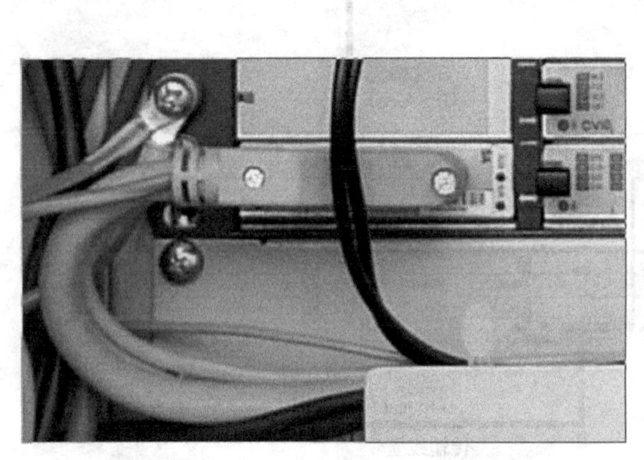

图 3-23　BBU 数据线缆连接

图 3-24　GPS 安装架安装

4）HUB 柜底部的 GPS 避雷安装孔，如图 3-25 所示。

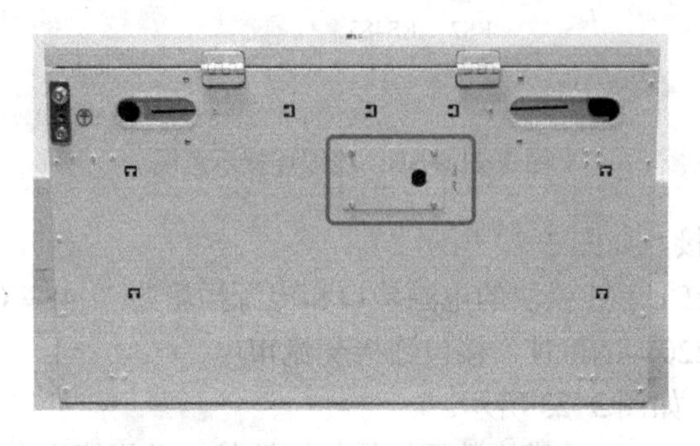

图 3-25　HUB 柜底部的 GPS 避雷器安装孔

5）GPS 馈线连接 GPS 避雷器馈线接口；GPS 跳线一端连接 GPS 避雷器“CH1”接口，另一端连接 BBU CC 单板上的“REF”接口。

GPS 避雷器只连接一个 BBU 时，GPS 跳线必须连接在“CH1”接口，第二个 BBU 的 GPS 跳线连接在“CH2”接口。

6）BBU 传输线缆安装，如图 3-26 所示。

BBU 支持网线和光纤两种传输线缆。若使用网线传输，连接至 BBU CC 面板的“ETH0”接口；若使用光纤传输，连接至 BBU CC 面板的“TX RX”光接口。

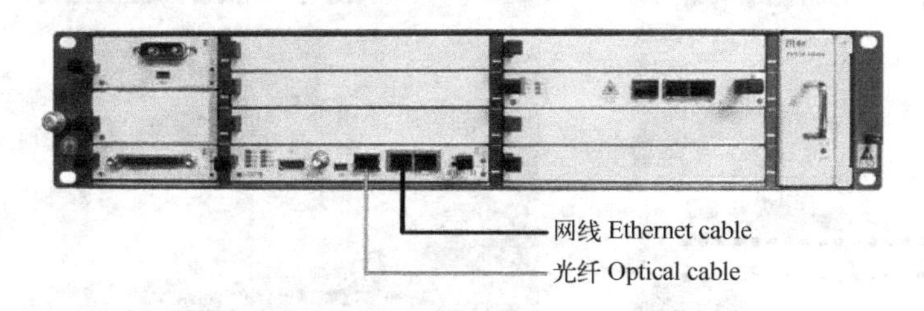

图 3-26　BBU 传输线缆安装

7）BBU 与 RRU 之间的光纤连接，如图 3-27 所示。

1/2/3 扇区对应的 BBU 与 RRU 之间的光纤依次与 BBU BPL 单板上的“TX0 RX0～TX2 RX2”连接。另一端与对应 RRU 的“CPI1”接口连接。

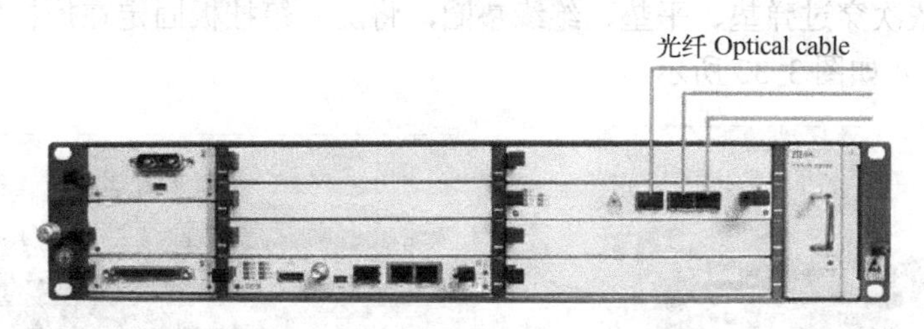

图 3-27　BBU 与 RRU 之间的光纤连接

8）机箱地线安装。

机箱地线一端安装在机箱接地点上，如图 3-28 所示。

另一端就近与室内接地排连接，HUB 柜机底接地点如图 3-29 所示。

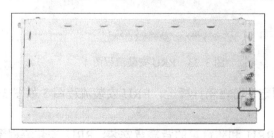

图 3-28　机箱地线一端安装在机箱接地点上

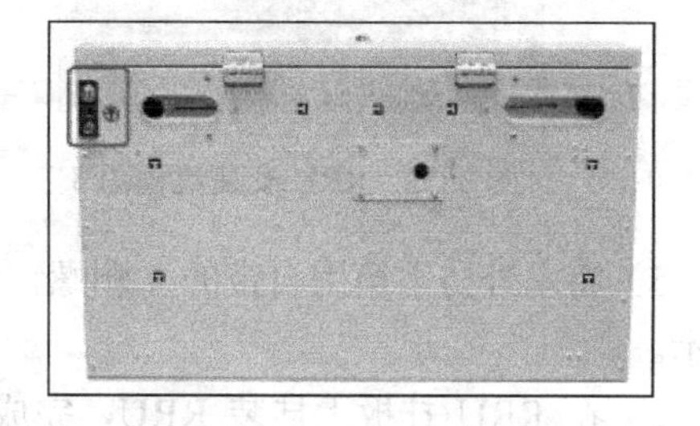

图 3-29　HUB 柜机底接地点

3.3.3　RRU 安装

下面的流程是 RRU 与 RRU 背靠背安装方式。

1）将四个绝缘垫圈安装到 RRU 挂板的 4 个螺钉孔上，RRU 安装流程图 1 如图 3-30 所示。

2）将两根长螺栓依次穿过弹垫、平垫、绝缘垫圈和标记有“FRONT（前）”的抱杆安装组件，RRU 安装流程图 2 如图 3-31 所示。

图 3-30　RRU 安装流程图 1

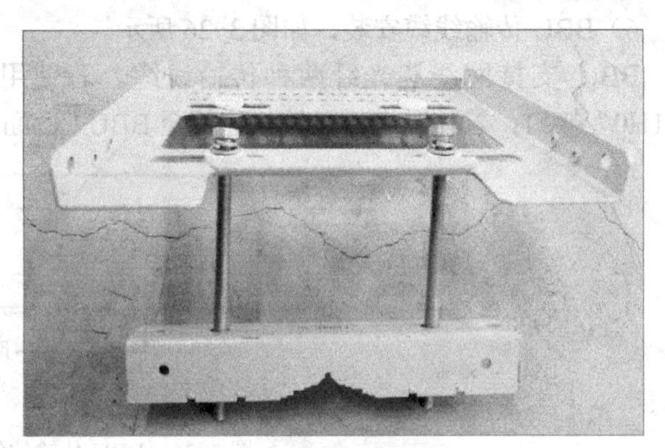

图 3-31　RRU 安装流程图 2

3）将螺栓穿过标记有“BACK（后）”的抱杆安装组件上的螺钉孔拧紧。使用相同的方法安装下部的抱杆安装组件，RRU 安装流程图 3 如图 3-32 所示。

4）用螺栓依次穿过弹垫、平垫、绝缘垫圈，将防雷箱挂板固定在抱杆安装组件后面，RRU 安装流程图 4 如图 3-33 所示。

图 3-32　RRU 安装流程图 3

图 3-33　RRU 安装流程图 4

5）将室外防雷箱用自带的 4 颗螺钉固定在防雷箱挂板上，RRU 安装流程图 5 如图 3-34 所示。

6）在 RRU 挂板上挂装 RRU，完成 RRU 和防雷箱的背靠背安装，RRU 安装流程图 6 如图 3-35 所示。

7）也可根据需要在抱杆安装组件的两边安装 RRU 挂架，RRU 安装流程图 7 如图 3-36 所示。

8）挂装 2 个 RRU，RRU 安装流程图 8 如图 3-37 所示。

图 3-34　RRU 安装流程图 5

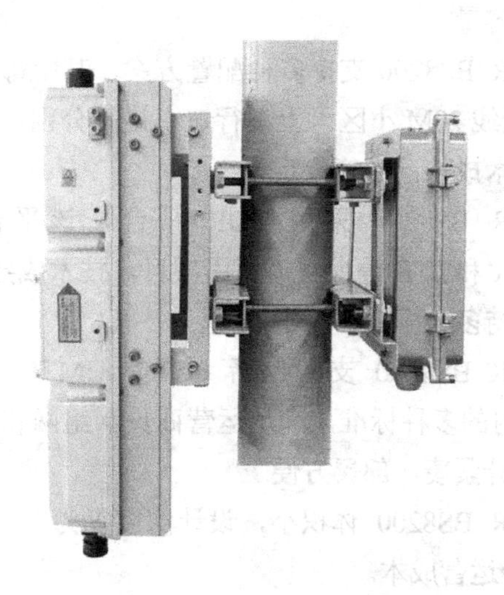

图 3-35　RRU 安装流程图 6

图 3-36　RRU 安装流程图 7

图 3-37　RRU 安装流程图 8

3.4　中兴 eNodeB 设备 BBU 单元 ZXSDR BS8200 硬件结构

3.4.1　BBU 设备概述

TD-LTE eNodeB BBU 实现 eNodeB 的基带单元功能，与射频单元 RRU 通过基带-射频光纤接口连接，构成完整的 eNodeB。TD-LTE eNodeB 与 EPC 通过 S1 接口连接，与其他 eNodeB 间通过 X2 接口连接。

3.4.2　设备特点

ZXSDR BS8200 具有以下特点。

1．大容量

ZXSDR BS8200 支持多种配置方案，其中每一块 BPL 可支持 3 个 2 天线 20M 小区，或者一个 8 天线 20M 小区。上下行速率最高分别可达 150Mbit/s 和 300Mbit/s。

2．技术成熟，性能稳定

ZXSDR BS8200 采用 SDR 平台，该平台广泛应用于 CDMA、GSM、UMTS、TD-SCDMA 和 LTE 等大规模商用项目，技术成熟，性能稳定。

3．支持多种标准，平滑演进

ZXSDR BS8200 支持包括 GSM、UMTS、CDMA、WiMAX、TD-SCDMA、LTE 和 A-XGP 在内的多种标准，满足运营商灵活组网和平滑演进的需求。

4．设计紧凑，部署方便

ZXSDR BS8200 体积小，设计深度仅为 197mm，可以独立安装和挂墙安装，节省机房空间，减少运营成本。

5．全 IP 架构

ZXSDR BS8200 采用 IP 交换，提供 GE/FE 外部接口，适应当前各种传输场合，满足各种环境条件下的组网要求。

3.4.3 设备功能

ZXSDR BS8200 作为多模 BBU，主要提供 S1/X2 接口、时钟同步、BBU 级联接口、基带射频接口、OMC/LMT 接口、环境监控等接口，实现业务及通信数据的交换、操作维护功能。

ZXSDR BS8200 的主要功能包括如下内容。

1）系统通过 S1 接口与 EPC 相连，完成 UE 请求业务的建立，完成 UE 在不同 eNodeB 间的切换。

2）BBU 与 RRU 之间通过标准 OBRI/Ir 接口连接，与 RRU 系统配合，通过空中接口完成 UE 的接入和无线链路传输功能。

3）数据流的 IP 头压缩和加密/解密。

4）无线资源管理：无线承载控制、无线接入控制、移动性管理及动态资源管理。

5）UE 附着时的 MME 选择。

6）路由用户面数据到 S-GW。

7）寻呼消息调度与传输。

8）移动性及调度过程中的测量与测量报告。

9）PDCP、RLC、MAC、ULPHY、DLPHY 数据处理。

10）通过后台网管（OMC/LMT）提供操作维护功能：配置管理、告警管理、性能管理、版本管理、前后台通信管理及诊断管理。

11）提供集中、统一的环境监控，支持透明通道传输。

12）支持所有单板、模块带电插拔；支持远程维护、检测、故障恢复及远程软件下载。

13）充分考虑 TD-SCDMA、TD-LTE 双模需求。

3.4.4 技术指标

1．物理指标

外形尺寸：88.4mm×482.6mm×197mm（高×宽×深）

重量：小于 8kg

2．容量指标

ZXSDR BS8200 支持多种配置方案，其中每一块 BPL 单板可支持 3 个两天线 20M 小区或 1 个 8 天线 20M 小区。最大可支持 300Mbit/s DL+ 150Mbit/s UL 的上下行速率。

3．供电指标

ZXSDR BS8200 正常工作的供电要求如下：

DC 48V：DC −57V～DC −40V

AC 220V（外置）：90～290V，50Hz：43～67Hz

4．接地指标

ZXSDR BS8200 设备安装机房接地电阻应≤5Ω，对于年雷暴日小于 20 日的少雷区，接地电阻应小于 10Ω。

3.4.5 BBU 系统整体结构

ZXSDR BS8200 的硬件架构基于标准 MicroTCA 平台，为 19in 宽，2U 高的紧凑式机箱。设备外观如图 3-38 所示。ZXSDR BS8200 支持多种配置，图中的单板配置仅供参考。

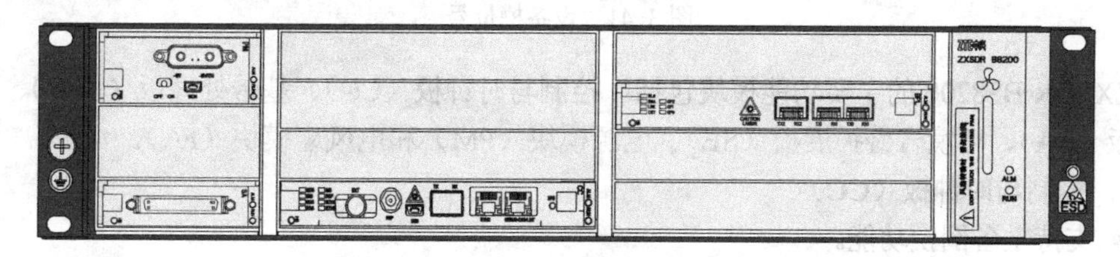

图 3-38　设备外观

TD-LTE eNodeB 机箱外部由机箱体、背板和后盖板组成。TD-LTE eNodeB 的机箱结构如图 3-39 所示。

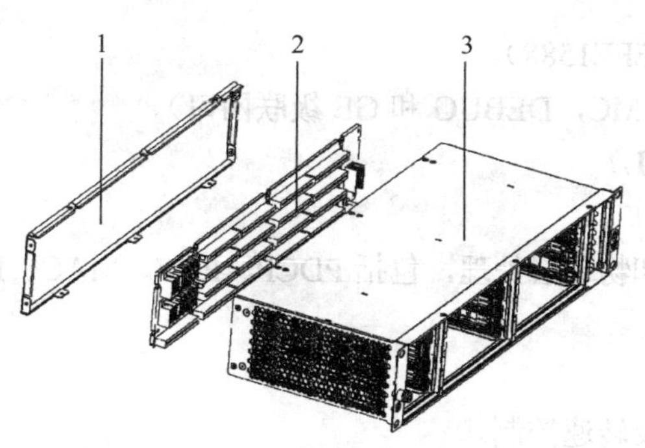

图 3-39　TD-LTE eNodeB 的机箱结构

1—后盖板　2—背板　3—机箱体

3.4.6 模块组成

TD-LTE eNodeB 设备主要由机框、电源、主控板、基带板和电风扇等模块组成。如图 3-40 所示。

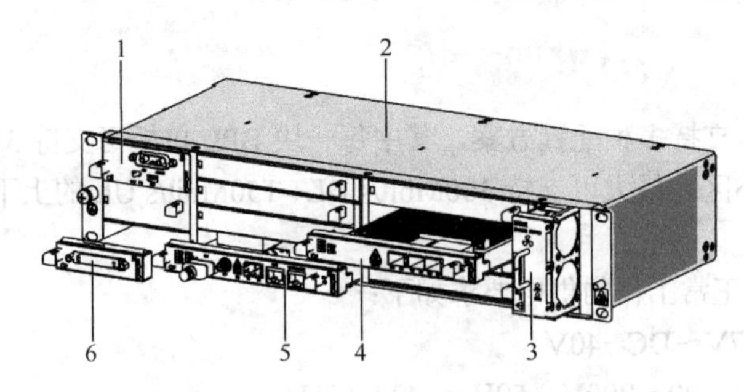

图 3-40 模块组成

1—PM 模块 2—机框 3—FA 模块 4—BPL 单板 5—CC 单板 6—SA 模块

ZXSDR BS8200 槽位号，如图 3-41 所示。

<table>
<tr><td>PM15</td><td>BPL4</td><td>BPL8</td><td rowspan="4">FAN</td></tr>
<tr><td>PM14</td><td>BPL3</td><td>BPL7</td></tr>
<tr><td rowspan="2">SA</td><td>CC2</td><td>BPL6</td></tr>
<tr><td>CC1</td><td>BPL5</td></tr>
</table>

图 3-41 设备槽位号

ZXSDR BS8200 的主要功能模块包括：控制与时钟板（CC）、基带处理板（BPL）、环境告警板（SA）、环境告警扩展板（SE）、电源模块（PM）和电风扇模块（FA）。

1．控制与时钟板（CC）

- 支持主备倒换功能。
- 提供 GPS 系统时钟和 RF 参考时钟。
- 支持一个 GE 以太网接口（光口、电口二选一）。
- GE 以太网交换，提供信令流和媒体流交换平面。
- 机框管理功能。
- 时钟扩展接口（IEEE1588）。
- 通信扩展接口（OMC，DEBUG 和 GE 级联网口）。

2．基带处理板（BPL）

- 提供 RRU 级联接口。
- 实现用户面处理和物理层处理，包括 PDCP、RLC、MAC、PHY 等。
- 支持 IPMI 管理。

3．环境告警板（SA）

- 支持电风扇监控及转速控制。
- 通过 IPMB-0 总线与 CC 通讯。
- 为外挂的监控设备提供扩展的全双工 RS232 与 RS485 通信通道。
- 提供 6 路输入干结点和 2 路双向干节点。

4．环境告警扩展模块（SE）

- 按照标准的 AMC 设计和上电，并可按照标准 AMC 的 MMC 版本升级流程进行版本维护。
- 集成了外接温度传感器、红外传感器、门禁传感器、水淹传感器、烟雾传感器和扩展的开关量接口。
- 通过串口和 CC 通信。

说明：SE 为选配模块。

5．电源模块（PM）

- 输入过电压、欠电压测量和保护功能。
- 输出过电流保护和负载电源管理功能。

6．电风扇模块（FA）

- 根据温度自动调节电风扇速度。
- 监控并报告电风扇状态。

3.4.7 BBU 单板

1．控制与时钟单板 CC

CC 模块提供以下功能：

- 支持主备倒换功能。
- 支持 GPS、bits 时钟、线路时钟，提供系统时钟。
- GE 以太网交换，提供信令流和媒体流交换平面。
- 支持机框管理功能。
- 支持时钟级联功能。
- 支持配置外置接收机功能。

CC 面板外观如图 3-42 所示。

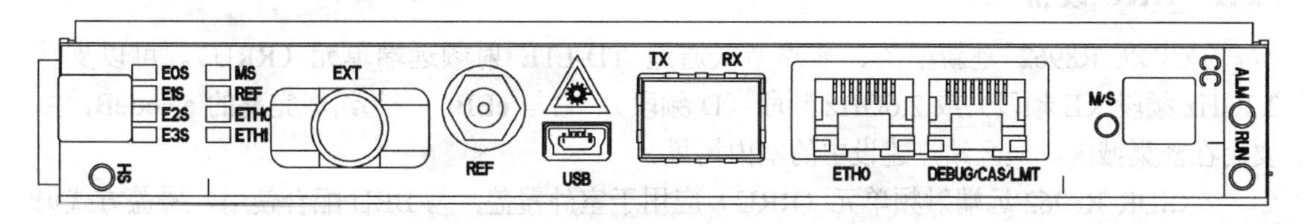

图 3-42　CC 面板外观

CC 面板接口说明见表 3-1。

表 3-1　CC 面板接口说明

接 口 名 称	说　明
ETH0	S1/X2 接口，GE/FE 自适应电接口
DEBUG/CAS/LMT	级联、调试或本地维护接口，GE/FE 自适应电接口
TX/RX	S1/X2 接口，GE/FE 光接口（ETH0 和 TX/RX 接口互斥使用）

（续）

接口名称	说明
EXT	外置通信口，连接外置接收机，主要是 RS485、1PPS+TOD 接口
REF	外接 GPS 天线
USB	数据更新

CC 面板按键〈M/S〉为主备倒换开关，RST 为复位开关。

2．基带处理板 BPL

BPL 模块提供以下功能：

- 提供与 RRU 的接口。
- 用户面协议处理，物理层协议处理，包括 PDCP、RLC、MAC、PHY。
- 提供 IPMI 管理接口。

BPL 面板外观如图 3-43 所示。

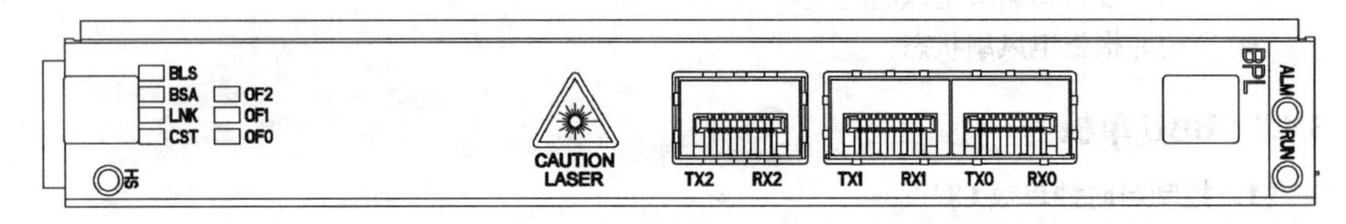

图 3-43　BPL 面板外观

面板接口 TX0/RX0～TX2/RX2 为 2.4576G/4.9152G OBRI/Ir 光接口，用于连接 RRU。面板按键〈RST〉为复位开关。

3.5　中兴 eNodeB 设备 RRU 单元 ZXSDR R8962 硬件结构

3.5.1　RRU 设备概述

ZXSDR R8962 是新型的、紧凑型双通道 TD-LTE 射频远端单元（RRU）。可以支持 2.3GHz 频段（E 频段）或 2.6GHz 频段（D 频段），它与 eBBU 一起组成完整的 eNodeB，主要用在密集城区、城区站点建设中的室内场景。

ZXSDR R8962 远端射频单元（RRU）应用于室外覆盖，与 BBU 配合使用，覆盖方式灵活。RRU 和 BBU 间采用光接口相连，传输 IQ（In-phase Quadrature）数据、时钟信号和控制信息；和级联的 RRU 间也采用光接口相连。

ZXSDR R8962 是采用小型化设计、满足室外应用条件、全密封、自然散热的室外射频单元站。具有体积小（小于 13.5L）、重量轻（10kg）、功耗低（160W）、易于安装维护的特点。

ZXSDR R8962 可以直接安装在靠近天线位置的桅杆或者墙面上，可以有效降低射频损耗。

ZXSDR R8962 最大支持每天线 20W 机顶射频功率，可以广泛应用于从密集城区到郊区广域覆盖等多种应用场景。

设备供电方式灵活。支持 DC -48V 的直流电源配置，也支持 AC 220V 的交流电源配置。

支持功放静态调压。BBU 根据配置的小区信息，确定 ZXSDR R8962 需要的最大发射功率。ZXSDR R8962 根据 BBU 下发的小区功率调整对应的电源输出电压等级，并控制电源给功放提供的电压来调整它的输出功率等级，保证在不同功率等级下有较高的功率效率，以起到节能降耗的作用。

3.5.2 RRU 设备功能

ZXSDR R8962 是分布式基站的远程射频单元。射频信号通过 ZXSDR R8962 基带处理单元传输/接收，通过标准的基带-射频接口做进一步处理。RRU 设备功能的主要功能如下：

1．无线口管理功能

1）ZXSDR R8962 在上电初始化后，支持 LTE TDD 双工模式。

2）支持空口上/下行帧结构和特殊子帧结构。

3）通过 BBU 的控制可以实现 eNodeB 间的 TDD 同步。

4）支持 2530～2630MHz 频段的 LTE TDD 单载波信号的发射与接收。

5）能够建立两发、两收的中射频通道。

6）支持上/下行多种调制方式，支持 QPSK、16QAM、64QAM 的调制方式。

7）支持 10MHz，20MHz 载波带宽。

2．接口功能

1）支持 BBU 与 RRU 之间两光纤接口收发。

2）支持光模块热插拔。

3）最多支持四级级联。

4）支持标准的基带-射频接口。

5）支持 NGMN OBRI 接口协议。

6）通过和 BBU-RRU 接口，TD-LTE eNodeB 能够自动获取 BBU 分配给自己的标识号，并能够根据自己的标识号接收其对应信息。

7）传输带宽随信道带宽变化。

3．复位功能

1）通过命令进行整机软复位功能。

2）远程整机软复位功能。

3）支持远程硬复位。

4）系统复位原因记录。

4．版本管理功能

1）远程版本下载。

2）本地版本下载。

3）远程版本信息查询。

4）远程资产信息查询。

5．配置管理功能

1）支持自由配置 RRU 当前的空口帧结构和特殊子帧结构。

2）支持在 2530～2630MHz 频带内，工作频点的灵活配置，频率步进栅格的最小步进支持 100kHz。

3）支持多种灵活的带宽配置，可配置带宽包括 10 /20MHz。

4）支持前向基带功率的检测和查询功能。

5）支持 RRU 输出射频功率的检测和查询功能。

6）接收信号强度检测和指示。

7）支持 Doherty 技术。

8）支持数字预失真技术及其配置管理。

9）支持削峰技术。

10）支持削峰功能和削峰参数配置和查询。

11）支持通过 BBU 实现对两路功放独立打开和关闭的功能。

12）支持整机温度检测和查询功能。

13）支持设备配置和出厂信息的查询和改写。

6. 通道管理功能

1）ZXSDR R8962 能够在测试模式下独立发测试数据。

2）ZXSDR R8962 应能对射频输出的功率结合 BBU 下发的基带功率进行自动定标。

3）支持光纤接口传输质量的测量功能。

4）支持接收增益控制功能。

5）支持对连接到 BBU 的 RRU 设备进行闭塞操作。

6）支持对连接到 BBU 的 RRU 设备进行解闭塞操作。

7）支持发射通道对应关系配置。

8）支持接收通道对应关系配置。

7. 电源管理功能

1）支持 DC−48V 的直流电源配置。

2）支持 AC220V 的交流电源配置。

3）支持功放静态调压。

8. 告警管理功能

1）支持电源输入电压欠电压/过电压告警。

2）支持电源过温告警。

3）支持电源掉电告警。

4）支持驻波比告警。

5）支持发射功率告警。

6）支持光口告警。

7）支持时钟异常告警。

8）支持前向链路峰值功率异常告警。

9）支持数字预失真告警。

10）支持光口传输质量过低告警。

11）支持功放过温告警。

12）支持单板过温告警。

13）支持对告警门限进行配置。

9．故障诊断功能

1）ZXSDR R8962 支持级联下的环回测试功能。

2）ZXSDR R8962 支持硬件自动检测功能。

3）支持前向链路数据上传功能。

4）支持反向链路数据上传功能。

5）支持数字预失真数据上传功能。

6）系统状态指示功能。

3.5.3 RRU 设备硬件结构

ZXSDR R8962 整体结构如图 3-44 所示。

图 3-44 ZXSDR R8962 整体结构

ZXSDR R8962 主要包括以下模块。

1．收发信单元

收发信单元完成信号的模数和数模转换、变频、放大及滤波，实现信号的 RF 收发，以及 ZXSDR R8962 的系统控制和接口功能。

2．交流电源模块/直流电源模块

交流电源模块/直流电源模块将输入的交流（或直流）电压转化为系统内部所需的电压，给系统内部所有硬件子系统或者模块供电。

3．腔体滤波器

内部实现接收滤波和发射滤波，提供通道射频滤波。

4．低噪放功率放大电路

低噪放功率放大电路包括功率放大电路输出功率检测电路和数字预失真反馈电路。实现收发信板输入信号的功率放大，通过配合削峰和预失真来实现高效率；提供前向功率和反向功率耦合输出口，实现功率检测等功能。

3.6 任务实施

任务实施需要读者完成以下内容：

1）描述分布式基站的安装方法和要求。

2）说明 BBU 单元 ZXSDR BS8200 硬件结构。

3）描述 RRU 单元 ZXSDR R8962 硬件结构。

3.7 成果验收

3.7.1 验收方式

项目完成过程中应提交以下报告。

- 工作计划书
  - ➢ 计划书内容全面、真实，应包括项目名称、项目目标、小组负责人、小组成员及分工、子任务名称、项目开始及结束时间、项目持续时间等。
  - ➢ 计划书中附有项目进度表，项目验收标准。
- 项目工作记录单
  - ➢ 分布式基站的安装方法和要求。
  - ➢ BBU 单元 ZXSDR BS8200 硬件结构。
  - ➢ RRU 单元 ZXSDR R8962 硬件结构。
  - ➢ 项目总结报告。
  - ➢ 报告内容全面、条理清晰，包括：项目名称、目标、负责人、小组成员及分工、用户需求分析、安装调试过程、测试记录等。
  - ➢ 能够对项目完成情况进行评价。
  - ➢ 根据项目完成过程提出问题及找出解决的方法。

3.7.2 验收标准

验收标准见表 3-2。

表 3-2 验收标准

验收内容		分值	自我评价	小组评价	教师评价
工作计划		5			
项目工作记录单	分布式基站的安装方法和要求	25			
	BBU 单元 ZXSDR BS8200 硬件结构	15			
	RRU 单元 ZXSDR R8962 硬件结构	20			
安全文明生产	安全、文明的操作	4			
	有无违纪和违规现象	3			
	良好的职业操守	3			
学习态度	不迟到，不缺课，不早退	4			

（续）

验收内容		分值	自我评价	小组评价	教师评价
学习态度	学习认真，责任心强	3			
	积极参与完成项目	3			
项目总结报告	对项目完成情况进行评价	10			
	提出问题及找出解决的方法	5			
自我，小组，教师评价分别总计得分					
总分					

3.8 思考与练习

1. 画出 E-UTRAN 结构示意图。
2. 说明 LTE 网络架构。
3. 什么是分布式基站？
4. BBU 简易挂墙安装是如何进行的？
5. RRU 与 RRU 背靠背安装方式是如何进行的？
6. 画出 BBU 系统整体硬件结构，说明单板及单板功能。

项目 4　中兴 TD-LTE 基站设备开通配置

[背景]

TD-LTE 基站设备 eNodeB 开通配置管理的主要工作是进行系统开通，管理各种资源数据和状态，为系统正常运行提供所需要的各种数据配置，从根本上决定了设备的运行模式和状态，也直接关系到通信网络的服务质量。

目前，通信设备的开通配置通常是在无线操作维护模块（Operation & Maintenance module，OMM）和网元之间建立联系，使用户能够通过网管软件界面，操纵网元中的管理对象进行数据配置，实现设备开通和维护。进行数据配置的操作人员需要熟悉设备的基本原理和配置管理的使用规则。

[目标]

1）通过中兴 LTE TDD&FDD 工程仿真教学软件 LTE Commissioning Software For Virtual Site 学会中兴 TD-LTE 基站设备 eNodeB 数据配置和开通的过程。

2）熟悉移动通信基站设备配置的流程和参数。

3）熟悉中兴通信 TD-LTE 基站设备 eNodeB 系统结构。

4.1　引入

中兴 LTE TDD&FDD 工程仿真教学软件以高仿真商用设备机房为背景，基于售后工程师工作内容设计，融合真实 LTE 站点工程、天馈、传输时钟及网管方案的要素，再现了中兴通信 eNodeB 系列设备的组网、硬件结构、软硬件 工程安装及开通调试等过程。通过正确地完成网络拓扑设计，商用机房设备部署及安装连线，网管软件安装，站点版本升级，网管数据配置并导入，故障排查，最终实现 LTE 终端的拨号连接和业务测试。

本章采用中兴 LTE TDD&FDD 工程仿真教学软件 Commissioning Software For Virtual Site 来学习配置过程，在中兴 LTE 基站配置仿真软件中，除了系统的开通配置外，预先还需要完成虚拟的网络规划，硬件安装，完成 LTE eNodeB 工程开通教学。所以依据中兴 LTE 基站配置仿真软件，下面将按网络规划，硬件安装，基站开通数据配置，设备调试的流程来完成系统的开通配置。本章采用中兴 TD-LTE 系统“BBU+RRU”场景，其中 BBU 单元采用 ZXSDR BS8200 设备，RRU 单元采用 ZXSDR R8962 设备。通过本项目的完成，使学生能初步掌握中兴 LTE 基站设备的数据配置和开通等过程。

4.2　任务分析

4.2.1　任务实施条件

1）中兴 TD-LTE 系统 eNodeB 设备 BBU 单元 ZXSDR BS8200、中兴 TD-LTE 系统

eNodeB 设备 RRU 单元 ZXSDR R8962。

2）在没有真实设备的情况下，本项目可以采用中兴 TD-LTE 实验仿真教学软件来进行教学。

4.2.2 任务实施步骤

1）制订工作计划。

2）进行网络规划。

3）进行硬件安装。

4）进行基站开通数据配置。

5）进行设备调试，验证配置结果。

6）能够对项目完成情况进行评价。

7）根据项目完成过程提出问题及找出解决的方法。

8）撰写项目总结报告。

4.3 网络规划

完成核心网网元（包括 EMS &OMM 无线侧网管）规划，并记录 IP 参数和对接参数，网络规划任务描述见表 4-1。

表 4-1 网络规划任务描述

主 题	完成核心网网元规划
任务详细描述	1）登录 LTE 工程仿真教学软件，在 TDD 制式中，完成核心网网元（包括 EMS&OMM 无线侧网管）规划
	2）记录各网元关键 IP 参数
	3）记录接入侧与核心网对接参数

1．无线制式选择

用鼠标双击选择 TDD 制式后，自动进入拓扑规划界面。

2．核心网网元规划

核心网有四个网元，XGW 用于业务媒体流，MME 用于业务控制流，1588 Clock server 用于配置时钟，EMS&OMM 是无线侧网管，FTP 是应用服务器。这四个网元可以拖放到不同的 AREA，或者同一个 AREA 里面。拖放完成后，系统将会给相应的网元自动分配 IP 地址，并且通过网关和 IP 传输网络连接起来。记录下面的相关参数，在网管配置和业务调试中使用。

1）请按下表要求拖放核心网网元到指定的 AREA，核心网网元规划见表 4-2。

表 4-2 核心网网元规划

设备	XGW	1588 时钟	MME	EMS&OMM
所在 AREA	AREA1	AREA1	AREA1	AREA1

网络规划完成图如图 4-1 所示。

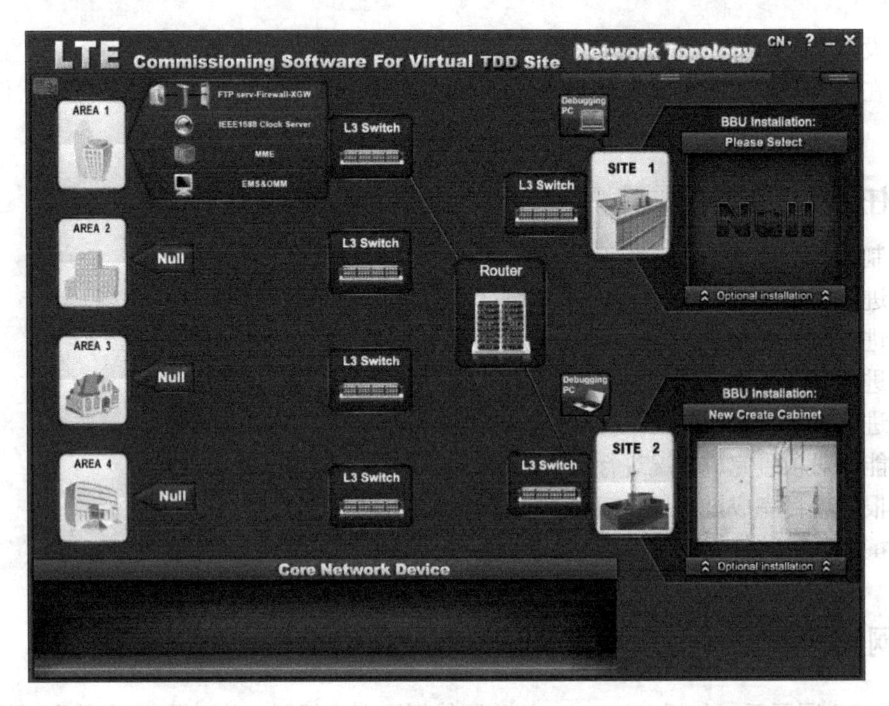

图 4-1　网络规划完成图

2）拖放完成后，记录下面的相关参数，在网管配置和业务调试中使用，网络规划参数表见表 4-3。

表 4-3　网络规划参数表

关键对接参数	参 数 取 值	说　明
MCC	460	配置无线总体参数和小区时使用
MNC	11	配置无线总体参数和小区时使用
TAC	171	配置小区时使用
XGW Service IP	192.168. X.100	配置静态路由使用
Ftp server IP	192.192. X.254	业务测试时使用
1588 Clock server IP	192.192. X.158	配置 1588 时钟服务器使用
MME interface IP	192.192.X.200	配置 SCTP 使用
MME Signal IP	192.168. X.200	配置静态路由使用
EMS&OMM IP	192.192.X.101	配置静态路由和 OMCS 使用
EMS&OMM Gateway IP	192.192.X.1	配置 OMCS 参数时使用
IP 参数中 X 指网元放到不同的 AREA，系统自动分配的，取值可能是 10/20/30/40，AREA1 取值为 10		

4.4　硬件安装

完成 LTE 无线侧基站的硬件安装。硬件安装项目包括 BBU、RRU、室内部分和天馈部分。未指定参数可自行规划，硬件安装任务描述见表 4-4。

表 4-4　硬件安装任务描述

主题	完成 LTE 无线侧基站的硬件安装
任务详细描述	1）任选一种基站安装场景，完成基站（站型 S111）硬件安装。安装项目包括 BBU、RRU、室内部分和天馈部分
	2）记录硬件安装信息

1）进入机房，安装机柜，机柜安装图，如图 4-2 所示。

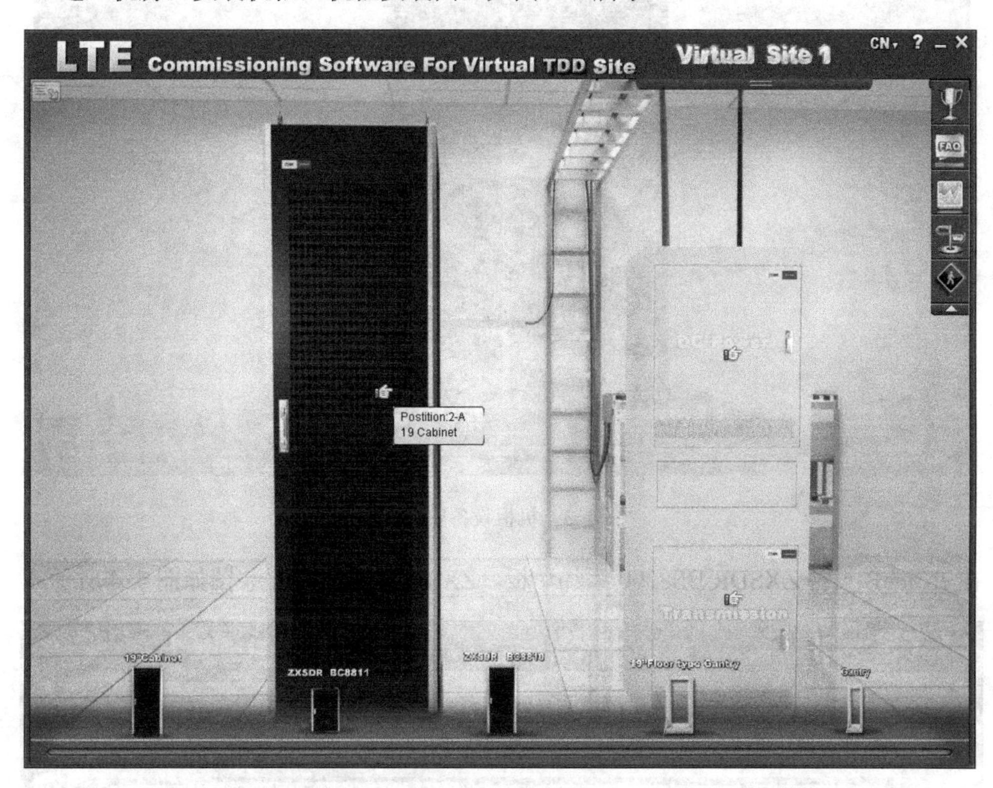

图 4-2　机柜安装图

在网络拓扑界面，选择安装场景，在表 4-5 中填写硬件安装相关参数。

表 4-5　硬件安装参数表

关 键 参 数	取　　值	备　　注
基站编号	SITE1 或者 SITE2	SITE1/SITE2
基站类型	BS8200	中兴基站类型
BBU 位置	Position1 或者 2 或者 3 或者 4	Position1/2/3/4
BBU 安装方式	机柜安装	挂墙架（举例）
RRU	远端	近端/远端

2）单击机柜，增加 BBU 设备，机柜设备安装图，如图 4-3 所示。机柜内需要安装的设备包括 eNodeB 设备 ZXSDR BS8200，中兴直流电源分配单元 DCPD4，线缆托架 Cable tray。

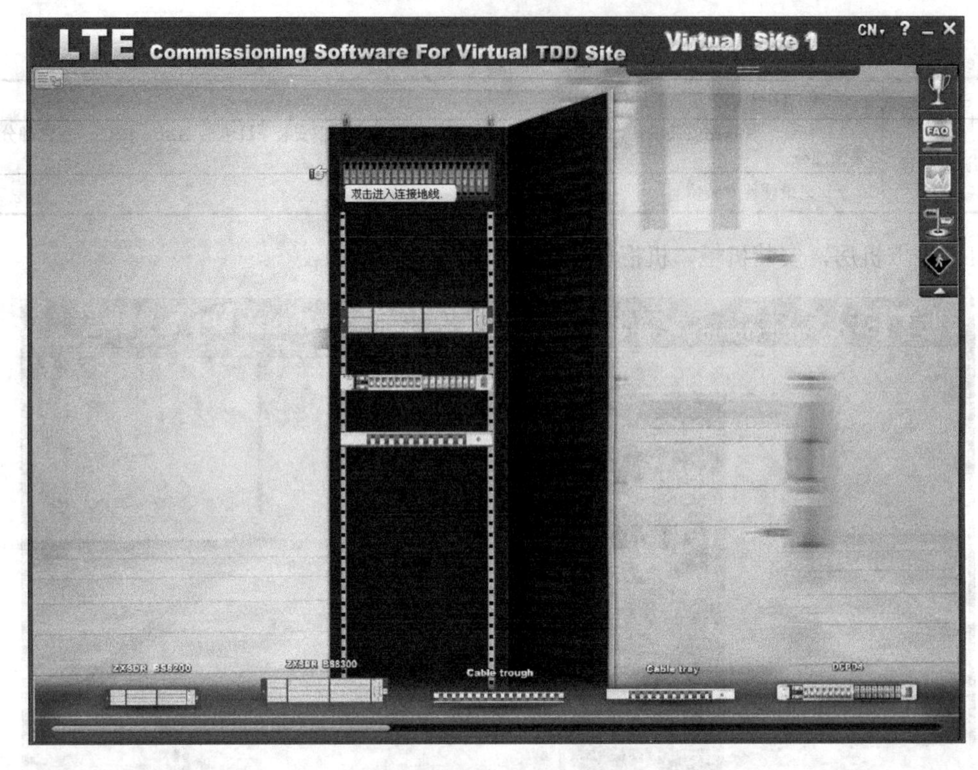

图 4-3　机柜设备安装图

在 eNodeB 设备 ZXSDR BS8200 添加单板，ZXSDR BS8200 安装图如图 4-4 所示。

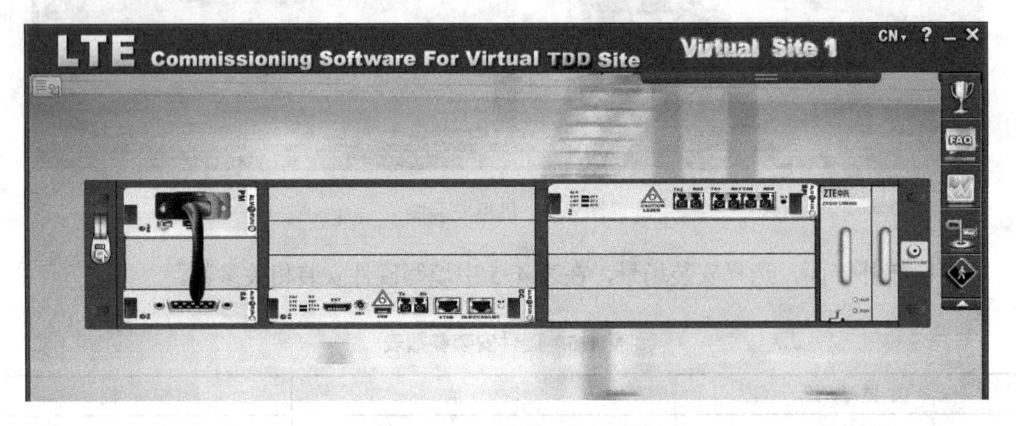

图 4-4　ZXSDR BS8200 安装图

ZXSDR BS8200 的单板位置图如图 4-5 所示。

<table>
<tr><td>PM15</td><td>BPL4</td><td>BPL8</td><td rowspan="4">FAN</td></tr>
<tr><td>PM14</td><td>BPL3</td><td>BPL7</td></tr>
<tr><td rowspan="2">SA</td><td>CC2</td><td>BPL6</td></tr>
<tr><td>CC1</td><td>BPL5</td></tr>
</table>

图 4-5　ZXSDR BS8200 单板位置图

基站安装信息表见表 4-6。

表 4-6　基站安装信息表

槽 位 号	单 板 名 称	槽 位 号	单 板 名 称
PM15	PM	BPL6	NULL
PM14	NULL	BPL7	NULL
SA	SA	BPL8	BPL
BPL3	NULL	CC2	NULL
BPL4	NULL	CC1	CC
BPL5	NULL		

3）连接电源线缆。

4）连接传输线缆。

软件要求所有的基站 CC 单板通过网线或者光纤连接到传输设备 NR 8250 上。传输 NR 8250 设备在 P13 位置。

5）安装 RRU 硬件设备并接通电源。RRU 硬件设备安装图如图 4-6 所示。

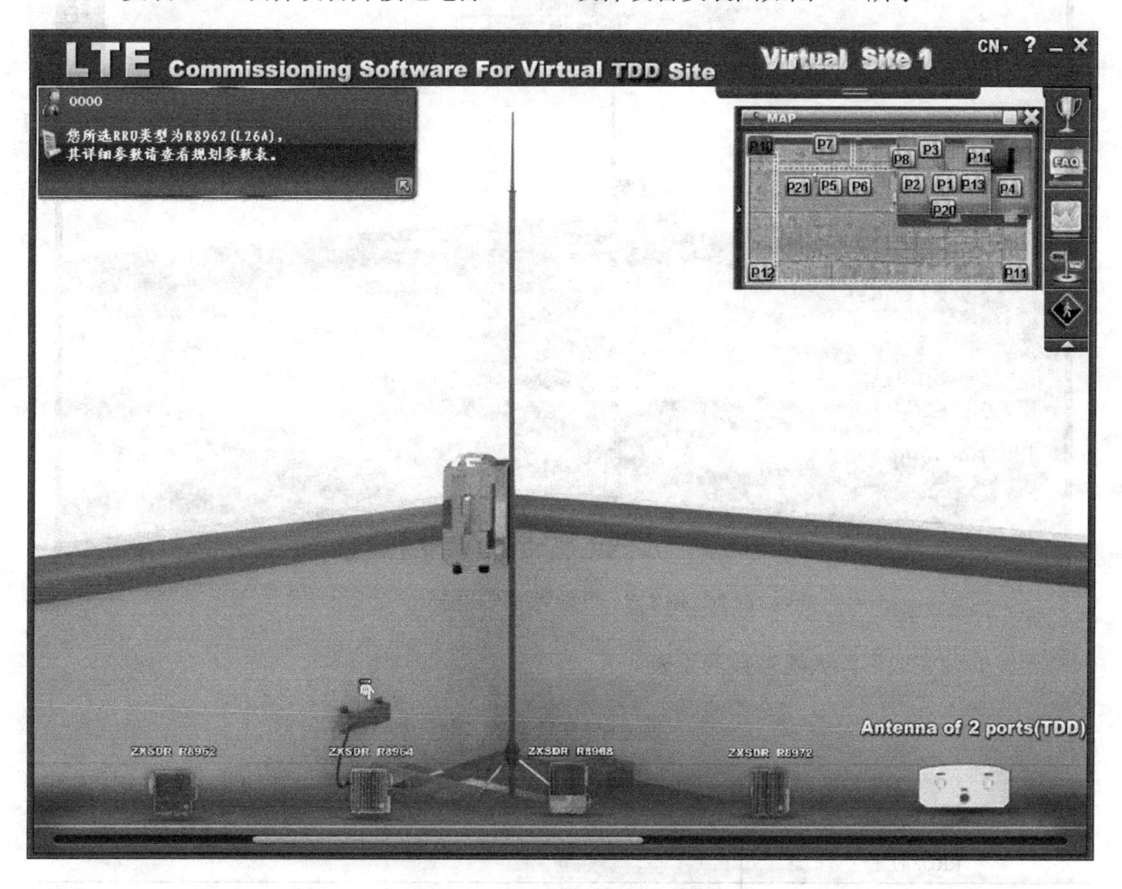

图 4-6　RRU 硬件设备安装图

RRU 有多个安装位置，选择合适的位置完成安装，RRU 安装参数表见表 4-7。

表 4-7 RRU 安装参数表

关键参数	取值	备注
基站编号	SITE1	SITE1/SITE2
RRU1 位置	抱杆 α	抱杆 α、铁塔 α 或者室内挂墙
RRU2 位置	抱杆 β	抱杆 β、铁塔 β 或者室内挂墙
RRU3 位置	抱杆 γ	抱杆 γ、铁塔 γ 或者室内挂墙

6）连接射频天线。根据天线在 RRU 近端或远端，采用不同的馈线连接。射频天线安装图如图 4-7 所示。

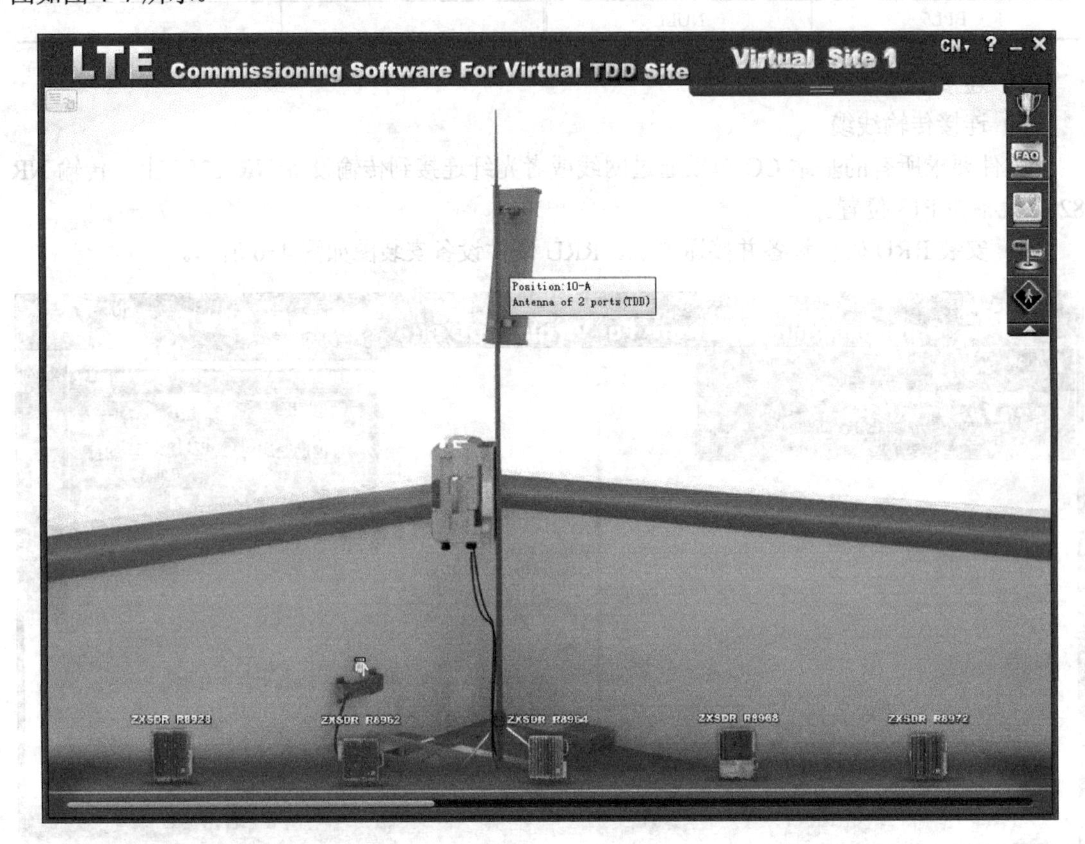

图 4-7 射频天线安装图

天线安装完成后，天线参数表见表 4-8。

表 4-8 天线参数表

关键参数	连接的光口（0、1、2）	连接的天线（α、β、γ）
RRU1 位置	0	α
RRU2 位置	0	β
RRU3 位置	0	γ

7）连接 BPL 基带板和 RRU 射频单元。射频单元连接参数表见表 4-9。

表 4-9　射频单元连接参数表

关 键 参 数	连接的光口（0/1/2）	连接的天线（α/β/γ）
BPL 单板槽位号	8	—
RRU1 位置	0	α
RRU2 位置	1	β
RRU3 位置	2	γ

8）连接 GPS 到 CC 单板。

4.5　基站开通数据配置

基站开通数据配置要求在 LMT 软件上完成 eNodeB 设备的数据配置。（在 LMT 上配置传输参数，包括：物理层端口、以太网链路和网管对接参数）使得 OMC 网管（即 EMS）连接到 eNodeB 设备；然后在 OMC 网管仿真软件（EMS）上完成 eNodeB 设备的数据配置（包括：eNodeB 管理网元配置、eNodeB 本地小区配置、eNodeB 配置数据同步等），实现系统开通。数据配置说明见表 4-10。

表 4-10　数据配置说明

主　　题	根据对接数据表，完成一套 eNodeB 数据的配置
任务详细描述	1）硬件安装完成后，利用 OMC 网管软件，完成该 eNodeB 管理网元相关数据的配置。主要对接参数可从仿真软件里获取，自主规划小区级相关参数
	2）利用 LMT 软件，依据基站参数，完成选定基站的 LMT 数据配置

4.5.1　LMT 配置

1．确认需要开通的站点

在“网络拓扑”界面，确认需要开通的站点，网络拓扑界面如图 4-8 所示。

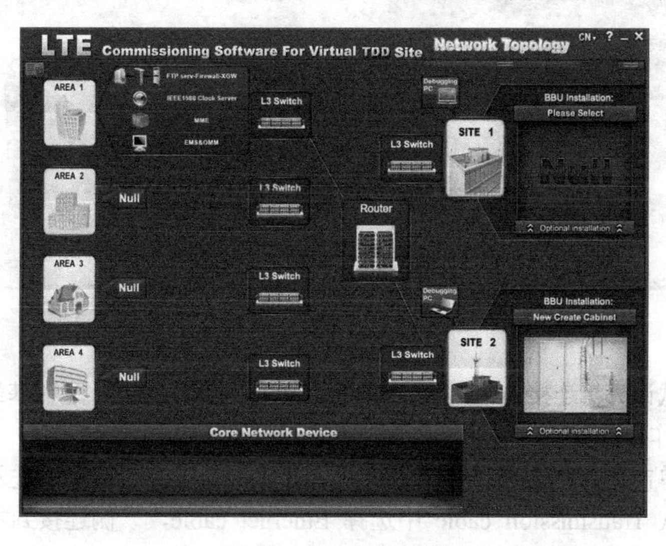

图 4-8　网络拓扑界面

记录相关参数。站点连接参数表见表4-11。

表4-11 站点连接参数表

参　数	取　值	备　注
基站号	SITE1	SITE1 或者 SITE2
基站连接 CN 的地址	10.10.21.12	SCTP 和静态路由使用
基站连接 CN 的 VLAN 号	102	配置全局端口号使用
基站连接 CN 的端口号	36412	SCTP 使用
基站连接 CN 的网关地址	10 .10.21.1	
基站连接 X2 的地址	10.10.31.12	X2 接口使用
基站连接 X2 的 VLAN 号	103	配置全局端口号使用
基站连接 EMS 的地址	10.10.11.12	静态路由和 OMCB 使用
基站连接 EMS 的 VLAN 号	101	配置全局端口号使用
基站侧的网关地址	10.10.11.1	配置 OMCB 使用

2．LMT 连接 CC 单板

LMT 计算机连接 CC 单板如图4-9所示。

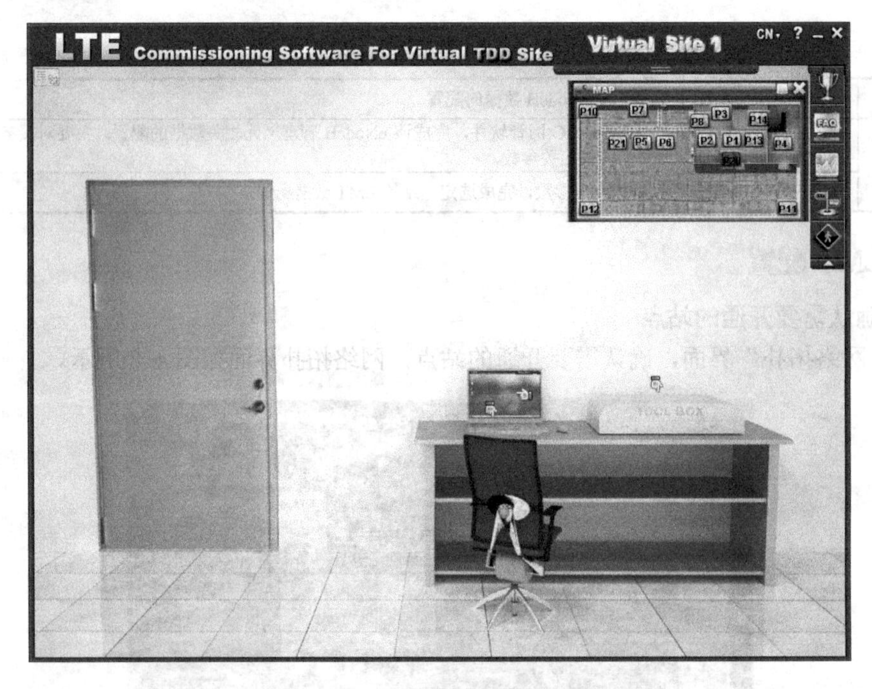

图4-9 LMT 计算机连接 CC 单板

利用本地调试计算机连接 BBU 的 CC 单板，运行 LMT 程序，配置基站和 EMS 建链必需的 IP 参数。操作步骤如下。

进入机房，单击进入本地调试计算机，单击计算机键盘处的按钮，进入调试计算机网线连接界面。然后从 Transmission cable 中选择 Ethernet cable，一侧连接到本地计算机的网口上，另外一侧连接到 CC 单板的“DEBUG/LMT”端口，这样完成了本地调试计算机到 BBU

的网线连接。

然后单击计算机屏幕，在计算机桌面可以看到一个网络连接的图标，用鼠标双击，然后在 TCP/IP 协议处选择“属性”，手动配置一个 IP 地址。调试计算机的 IP 地址必须是 192.254.1.X 网段，否则 LMT 程序登录不上 CC 单板。本地调试计算机连接参数见表 4-12，在网管配置和业务调试中使用。

表 4-12　本地调试计算机连接参数

参　数	取　值
LMT 计算机 IP	192.254.1.X
子网掩码	255.255.255.0

3．登录 LMT 配置参数

通过机房的本地计算机，或者拓扑管理界面的 Debugging PC，都可以进入 LMT。打开计算机桌面的 EOMS.jar 程序，弹出 LMT 登录界面。如图 4-10 所示。

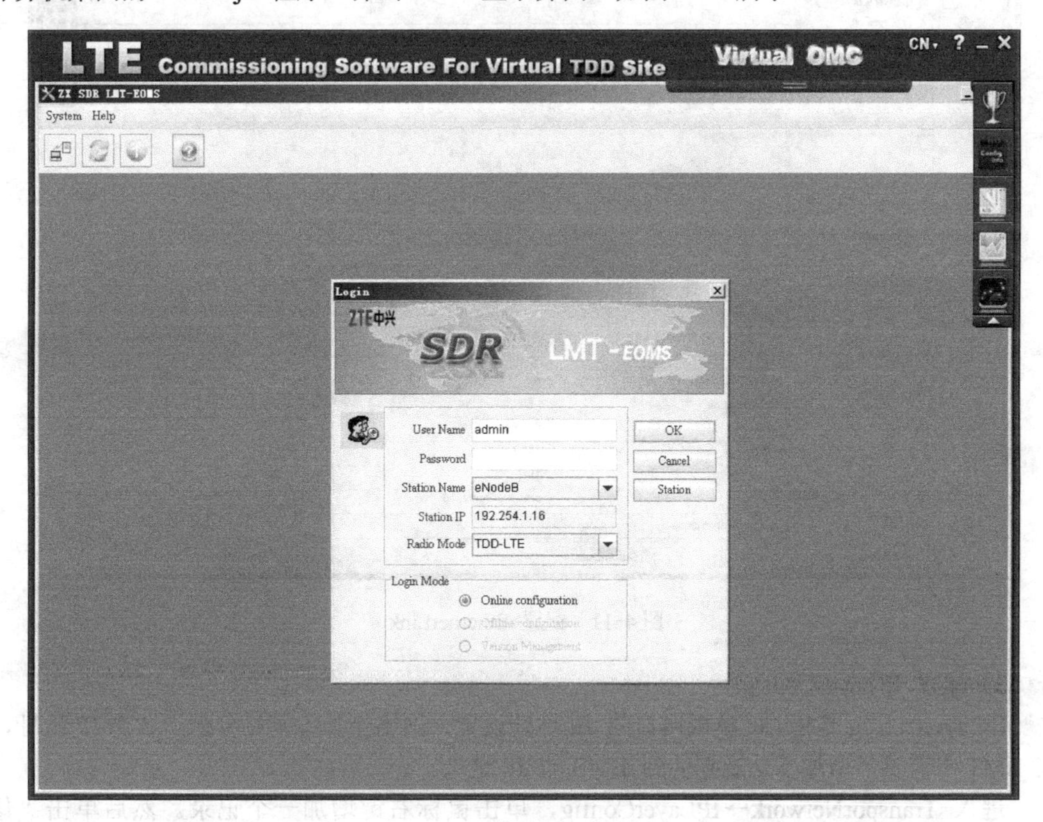

图 4-10　LMT 登录界面

注意：LMT 配置数据的时候是实时同步到基站上去的，不需要另外同步。

操作步骤：

1）配置 PhyLayerPort PhyLayerPort 是指 CC 物理单板网口。进入 TransporNetwork→

PhyLayerPort，右键增加一个记录，单击“确认”按钮。然后单击“修改”按钮，其他参数默认。

2）配置 EthernetLink。

EthernetLink 是指 CC 单板网口的以太网属性和 VLAN 设置。网络拓扑中基站分配了 3 个 VLAN，在 LMT 中需要只增加基站规划的到 EMS 的地址的 VLAN 号。

进入 TransporNetwork→EthernetLink，单击鼠标右键增加一个记录，单击“确认”按钮。然后单击“修改”按钮，其他参数默认。根据网络拓扑和硬件安装的参数规划进行配置，如果有故障需要进行核对。其他参数选择默认即可，配置 EthernetLink 如图 4-11 所示。

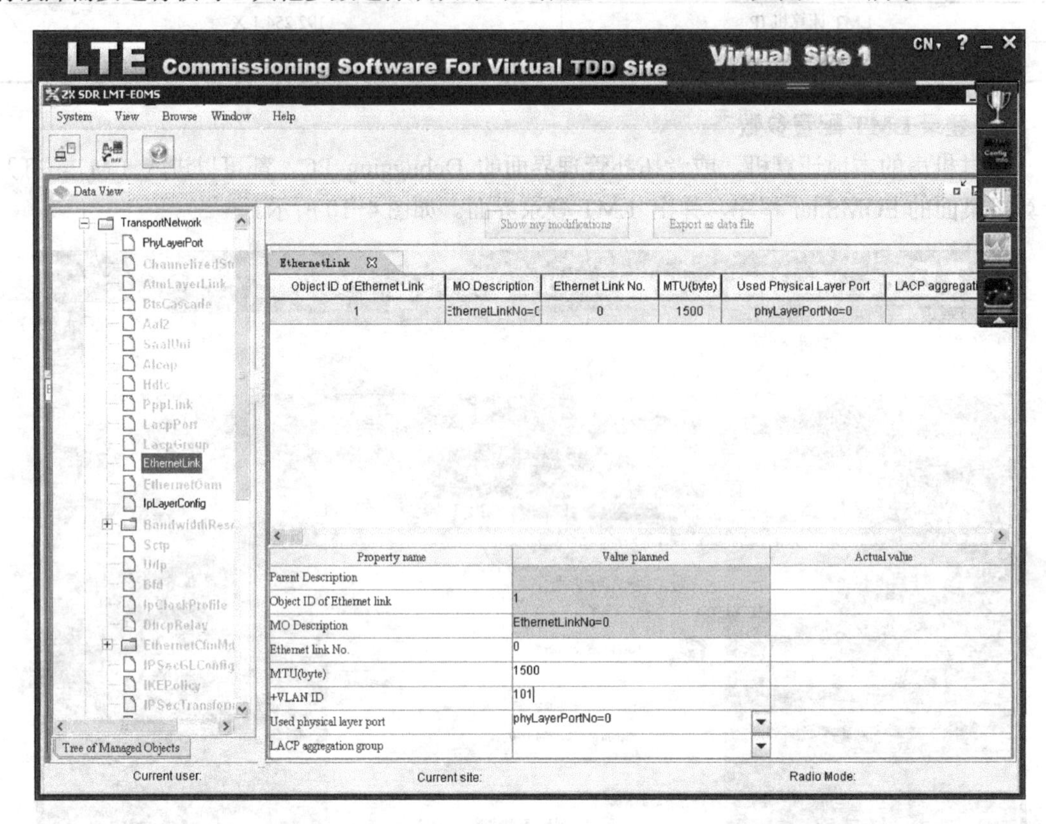

图 4-11　配置 EthernetLink

3）配置 IPLayerConfig。

IPLayerConfig 是指 CC 单板网口的 IP 地址设置。网络拓扑中基站分配了 3 个 IP 地址，在 LMT 中需要只增加基站规划的到 EMS 的 IP 地址。

进入 TransporNetwork→IPLayerConfig，单击鼠标右键增加一个记录。然后单击“修改”按钮，其他参数默认。根据网络拓扑和硬件安装的参数规划进行配置，如果有故障需要进行核对。其他参数选择默认即可，配置 IPLayerConfig 如图 4-12 所示。

4）配置 VsOam。

VsOam 是指 EMS 服务器的地址。进入 TransporNetwork→VsOam 的 ItfUnitBts，右键增加一个记录。然后单击“修改”按钮，其他参数默认。根据网络拓扑和硬件安装的参数规划进行配置，如果有故障需要进行核对。其他参数选择默认即可，配置 VsOam 如图 4-13 所示。

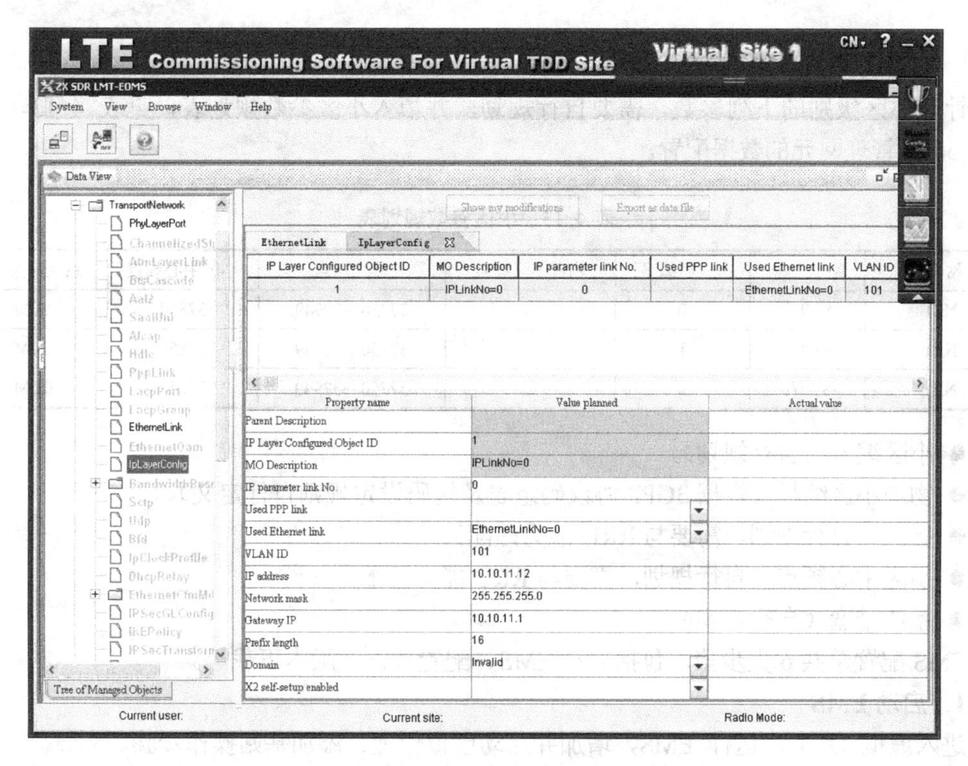

图 4-12 配置 IpLayerConfig

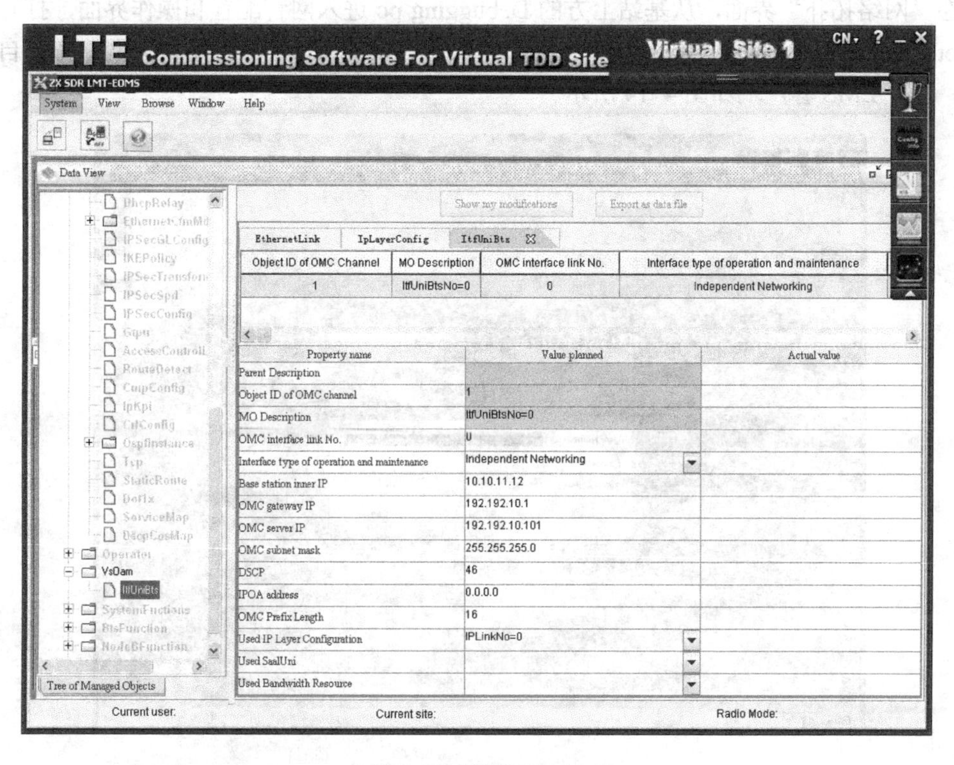

图 4-13 配置 VsOam

4.5.2 EMS配置

针对小区级别的下列参数，需要自行规划，并填入小区参数规划表，见表 4-13，再完成 eNodeB 管理网元的数据配置。

表 4-13 小区参数规划表

基站名称	站型	小区编号	物理小区编号	频点	小区中心频点	系统带宽
NE1	S1/1/1	0	0	37750～37949	37850	20M
NE1	S1/1/1	1	1	37750～37949	37850	20M
NE1	S1/1/1	2	2	37750～37949	37850	20M

- 小区编号（自行规划）。
- 物理小区编号（根据 3GPP 协议码组表及扰码设定规则自行定义）。
- 频点（自行规划，需要与 RRU 能力匹配）。
- 小区中心频点（自行规划，需要与 RRU 能力匹配）。
- 系统带宽（自行规划）。

EMS 配置总共 6 大步骤，包括启动 EMS、配置数据、版本下载等。

1．启动 EMS

进入虚拟 OMC，运行 EMS，增加并启动虚拟代理、添加基站操作步骤。

1）打开 EMS 客户端。

在“网络拓扑”界面，从基站上方的 Debugging pc 进入网管配置和操作界面，打开桌面的 NetNumenClient 程序，单击“OK”按钮进入。登录的服务器 IP 是根据网络拓扑自动创建的。打开 EMS 客户端如图 4-14 所示。

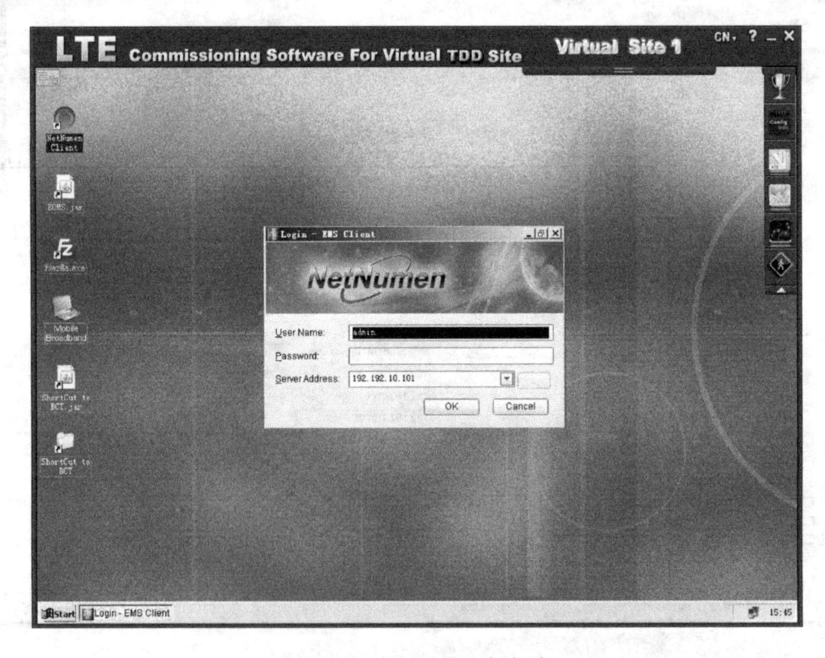

图 4-14 打开 EMS 客户端

2）创建并启动网元代理。

在 EMS 的拓扑管理的最左侧 EMS 服务器总节点上用鼠标右键单击，选择菜单 Create Object→Basestation→Multi-mode→MO SDR NE Agent，创建一个网元代理，创建对象如图 4-15 所示。

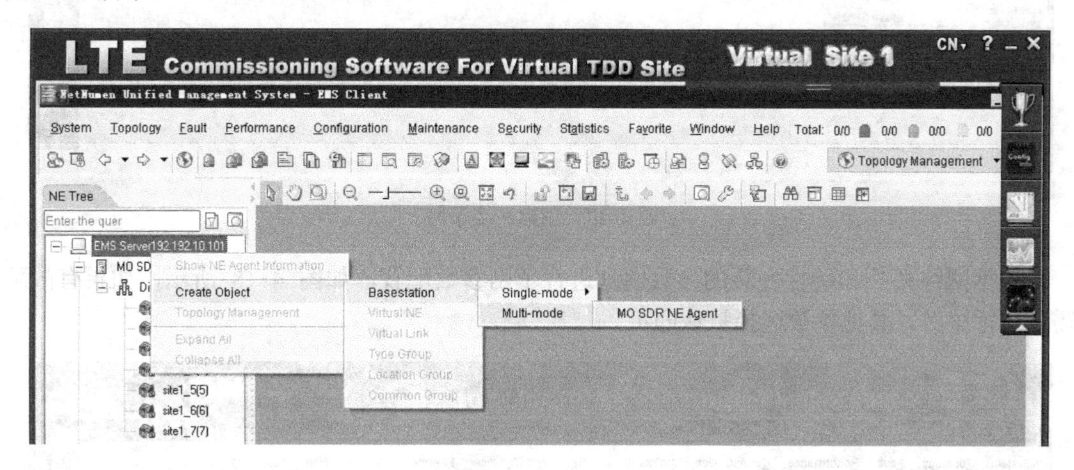

图 4-15　创建对象

然后在创建的网元代理用鼠标右键单击，选择菜单 NE agent Management→Start 启动网元代理，启动对象管理如图 4-16 所示。根据网络拓扑和硬件安装的参数规划进行配置，其他参数选择默认即可。

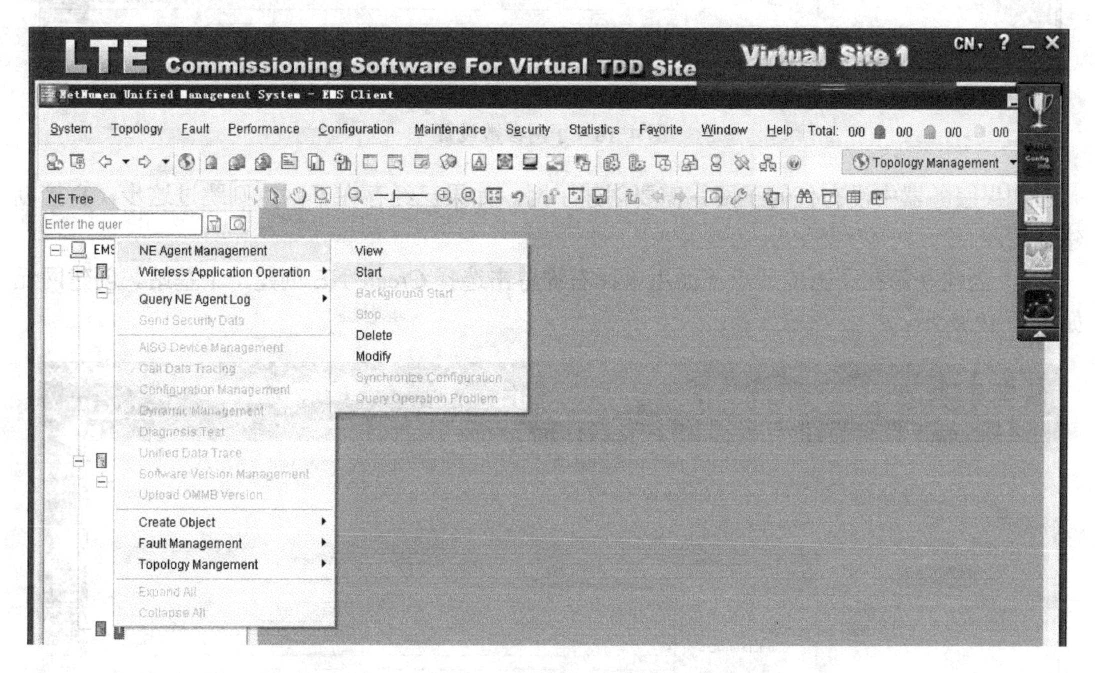

图 4-16　启动对象管理

3）创建子网在配置管理的节点下面用鼠标右键单击，从弹出的快捷菜单中选择 Create SubNetWork 创建一个子网，如图 4-17 所示。

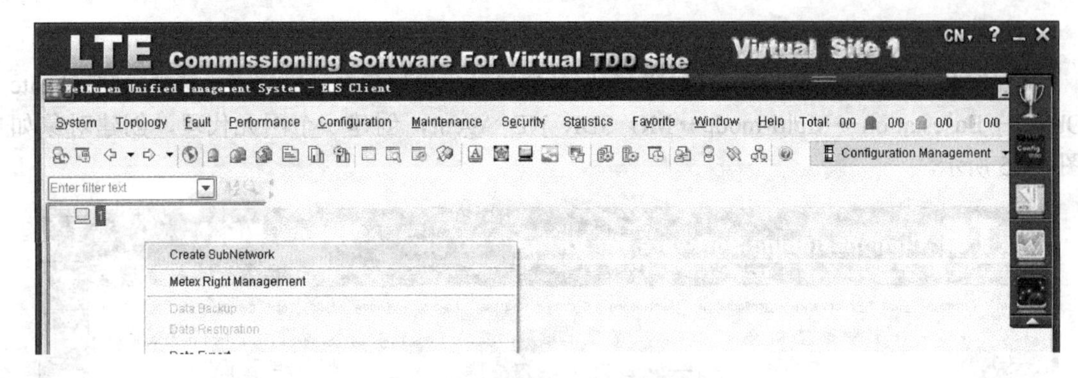

图 4-17　创建一个子网

根据网络拓扑和硬件安装的参数规划进行子网参数配置，如图 4-18 所示，如果有故障需要进行核对。其他参数选择默认即可。

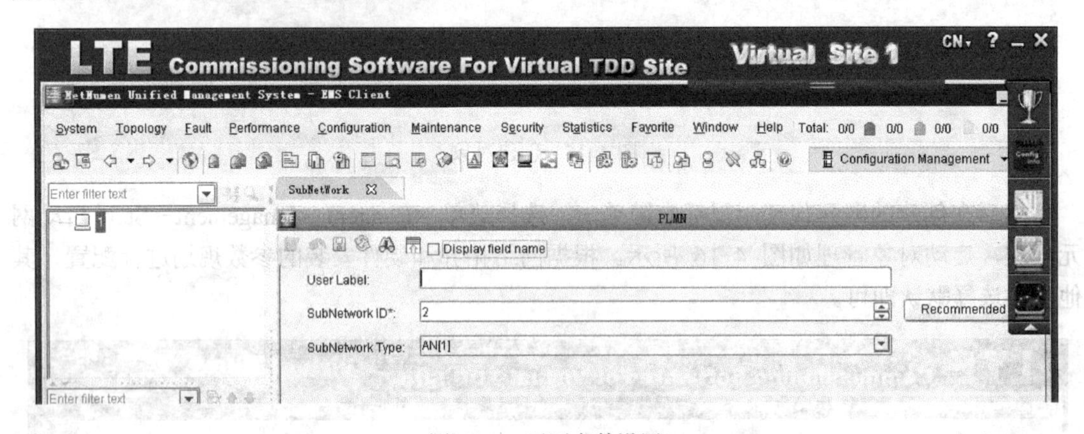

图 4-18　子网参数设置

如果服务器中没有任何子网，需要创建子网。如果已经存在子网，则跳过这步，直接创建基站。

4）创建基站在子网的节点下面用鼠标右键单击选择 Create NE 创建一个基站。创建网元如图 4-19 所示。

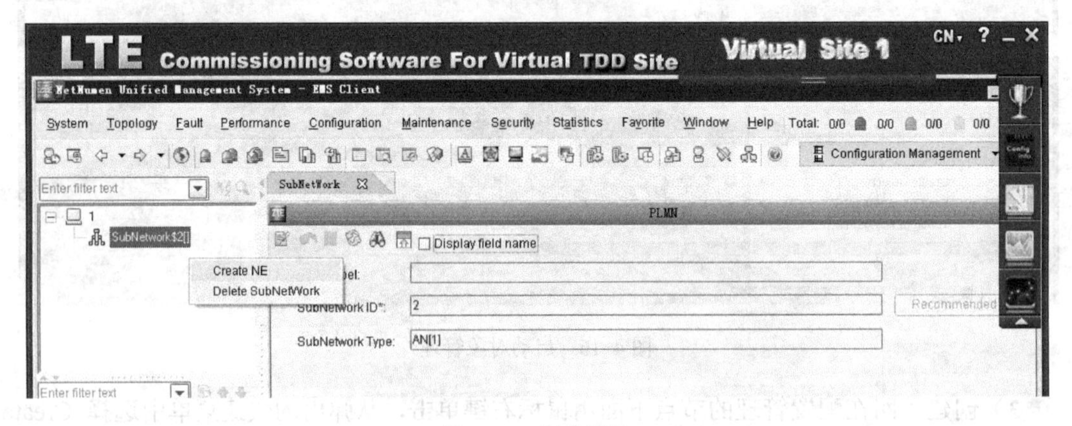

图 4-19　创建网元

根据网络拓扑和硬件安装的参数规划进行配置，如果有故障需要进行核对。其他参数选择默认即可。设置网元参数如图 4-20 所示。

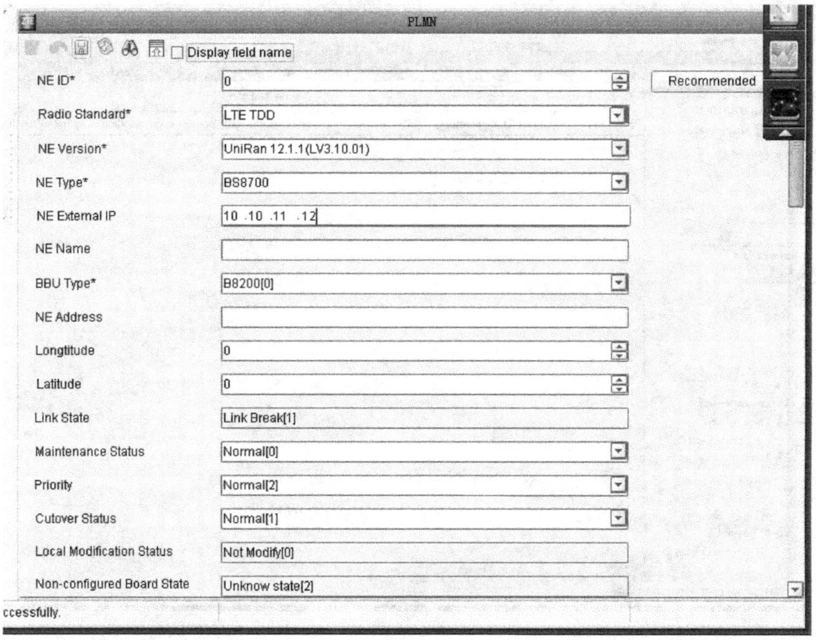

图 4-20　设置网元参数

管理网元 IP 地址的配置需要根据 OMC 与前台的连接情况来配置，如果 OMC 是在本地，通过 CC 板 DEBUG 直连，IP 地址为 192.254.1.16；如果在客户端或者网管机房需要远程接入前台，则需要配置分配给站点的基站网管 IP，即图中 10.10.11.12。

保存好后，就会出现一个基站配置集，从此处进行基站的物理资源配置等内容，创建成功界面如图 4-21 所示。

2．物理资源配置

1）申请权限。

在创建的基站点用鼠标右键单击，选择 Apply Mutex Right 申请操作权限，只有申请操作权限后才能配置数据。

2）配置运营商信息。

用鼠标双击 Operator，单击右侧“+”增加一个记录，根据网络拓扑和硬件安装的参数规划进行配置，如果有故障需要进行核对。其他参数选择默认即可。

3）配置网络号 PLMN。

进入 Operator→PLMN，单击右侧“+”增加一个记录。根据网络拓扑和硬件安装的参数规划进行配置，如果有故障需要进行核对。其他参数选择默认即可。

4）配置 RACK。

增加完基站后，在 Cabinet 里面会自动创建一个标准的 8200 机架，配置有 PM、SA 和 CC 单板。需要根据实际硬件配置添加和修改相应的单板。对于 RRU，也需要创建机架、添加单板，如果有三个 RRU，需要创建三个机架。机架配置如图 4-22 所示。

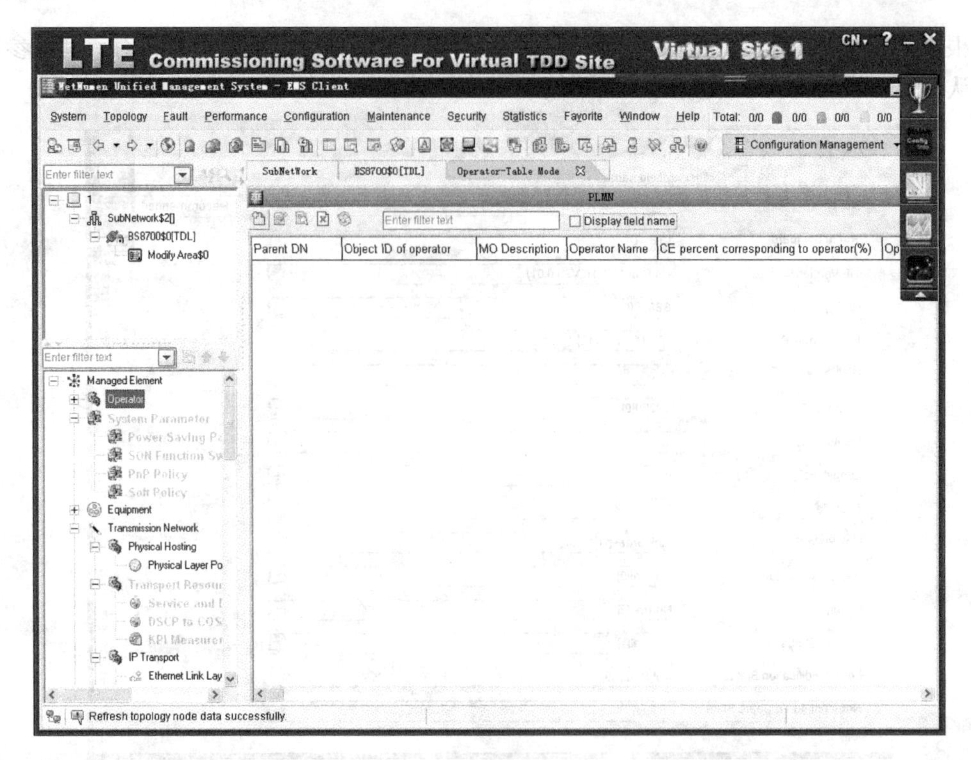

图 4-21　创建成功界面

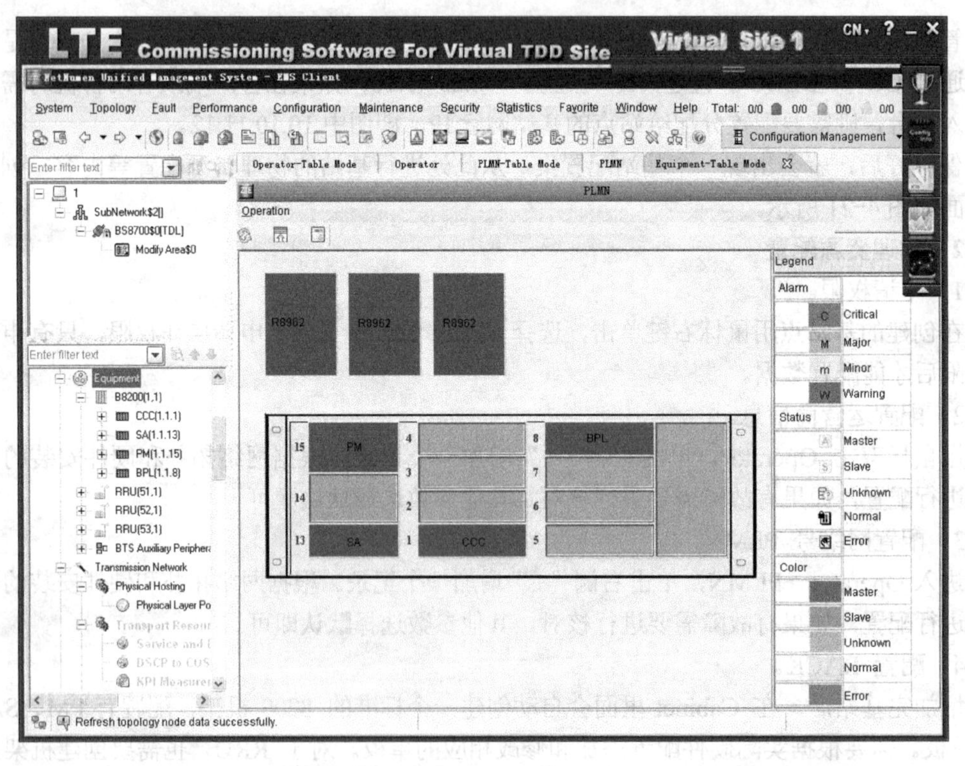

图 4-22　机架配置

a．单击 Equipment，进入板位图配置界面。然后根据硬件安装的板位图进行添加单板，首先创建 BBU 单板。添加 CC 单板的时候，Board type 必须选择新单板 CCC；添加 BPL 单板的时候，选择 BPL。

b．单击 Equipment，单击右侧 RRU 增加按钮。根据网络拓扑和硬件安装的参数规划进行配置，如果有故障需要进行核对。其他参数选择默认即可。每个 RRU 对应一条记录。配置 Rack 和添加单板的时候，要和安装基站时的配置完全一样，包括单板型号、槽位号等，否则基站业务不通。

5）修改 BPL 光口参数配置 BPL 单板后，每个 BPL 单板的三个光口会自动创建一个参数记录，包括接口协议、光端口速率、支持的无线产品载波数等。

6）修改 RRU 光口参数。

添加 RRU 后，每个 RRU 的两个光口会自动创建一个参数记录，包括接口协议、光端口速率及支持的无线产品载波数等。

7）配置光纤连接。

BPL 到每个 RRU 的连接关系需要进行拓扑配置。

配置光口 Port ID 的时候，一定要与硬件安装的时候对应一致，否则 RRU 无法启动、基站业务不通。

3．传输资源配置

传输资源用于基站连接网管、核心网设备等。操作步骤：

1）配置 PhyLayerPort PhyLayerPort 是指 CC 物理单板网口。

2）配置 Ethernet Link Layer。

EthernetLink 是指 CC 单板网口的以太网属性和 VLAN 设置。网络拓扑中基站分配了 3 个 VLAN，在 LMT 中需要只增加基站规划的到 EMS 的地址的 VLAN 号。

3）配置 IPLayerConfiguration。

IPLayerConfig 是指 CC 单板网口的 IP 地址设置。网络拓扑中基站分配了 3 个 IP 地址，如果没有基站互联的 X2 接口，需要增加两条记录，一条是基站到 EMS 的地址，一条是基站到 CN 的地址。

4）配置 Bandwidth Resource Group。

Bandwidth Resource 是为网口分配带宽资源。

5）配置 Bandwidth Resource Group。

进入“Transmission Network→Bandwidth assignment→Bandwidth Resource”，单击右侧“+”增加一个记录，所有参数保持默认。

6）配置静态路由。

Static Route Paramter 是指如果基站地址和核心网网元地址不在一个网段内，需要指定一个路由。如果 GPS 正常，需要增加三条记录，一条是基站到 EMS 的路由，一条是基站到 MME 的路由，一条是基站到 XGW 的路由。如果没有连接 GPS，需要增加四条记录，包括 1588 时钟服务器。

7）配置 SCTP。

SCTP 是基站到 MME 的 S1 协议接口，需要增加一条记录。配置 SCTP 的时候，两侧的地址、端口号、都要选择正确，否则 SCTP 不可用、基站业务不通。

8）配置 OMC Channel。

OMC Channel 是告诉基站 EMS 服务器的地址，如果配置错误，基站不能连接到网管。

4．无线参数设备资源配置操作步骤

1）配置 Baseband Resource。

进入 Radio parameter→Resource interface configuration 的 Baseband Resource，单击右侧"+"增加三条记录，每个 RRU 对应一条记录。

2）配置 S1AP。

S1AP 把小区和对应的 MME 关联起来。进入 Radio parameter→Resource interface configuration 的 S1AP，单击右侧"+"增加三条记录，所有参数保持默认。

5．无线参数小区配置操作

配置小区 serving cell，serving cell 是对每个 RRU 进行无线参数配置。配置小区的时候，要仔细核对小区馈线是否连接正常，和 BPL 光口连线是否正确，否则该扇区不能使用。

6．版本下载

软件设计基站初始版本是 V3.10.01P02R1，现场后台版本是 V3.10.10B04R1，所以配置完数据、前后台建链后需要做一次版本升级，把基站版本从 V3.10.01P02R1 升级到 V3.10.10B04R1。

基站升级的顺序是版本包创建、版本包下载、版本包激活、复位、查询版本。从 V3.10.01P02R1 升级到 V3.10.10B04R1，版本包创建包括产品软件版本、平台软件版本和平台固件版本。如果不升级版本，前后台可以建链、同步数据正常，但是业务不通。

1）查询版本从拓扑管理进入 Software Version Management，即进入到版本的界面。进入 Query Task management，勾选上已建链基站，就可以查询到基站当前版本是 V3.10.01P02R1。

2）创建基站版本包。

进入 Version Library management，分别创建并自动下载下面 5 个版本包，包括产品软件版本、平台软件版本和平台固件版本。其中，产品软件版本名称是 LTE-FDD-SW-V3.10.10B04R1.pkg、LTE-TDD-SW-V3.10.10B04R1.pkg；平台软件版本名称是 PLAT-SW-V3.10.10B04R1.pkg、PLAT-FW-V3.10.10B04R1.pkg；平台固件版本名称是 PLAT-FW-V3.10.10B04R1.pkg。创建成功后，会在版本管理下面生成 5 个版本包。

3）下载基站版本包。

进入 Upgrade task management，选择版本包和基站号，把刚才创建的版本包下发到基站上。只有基站和网管建链成功后，才能下载基站版本包。

4）激活基站版本包。

进入 Upgrade task management，进行版本激活操作，把创建的 5 个版本都进行激活。

在激活版本的时候，可以选上下面的 4 个选项，这样基站会自动下载版本、激活、复位，同时运行新的版本和配置数据，版本激活操作如图 4-23 所示。

5）再次查询基站新版本。

进入 Query Task management，勾选上已建链基站，就可以查询到基站当前版本是 V3.10.10B04R1。

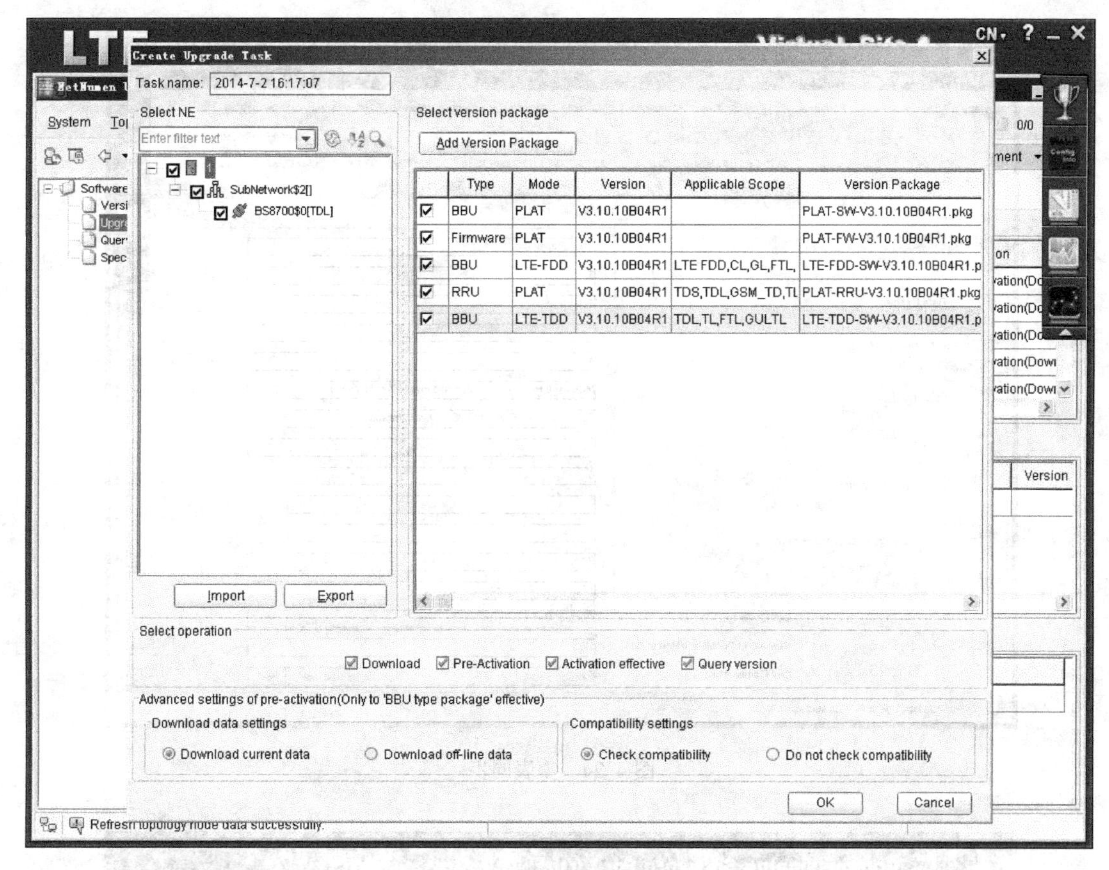

Type	Mode	Version	Applicable Scope	Version Package
BBU	PLAT	V3.10.10B04R1		PLAT-SW-V3.10.10B04R1.pkg
Firmware	PLAT	V3.10.10B04R1		PLAT-FW-V3.10.10B04R1.pkg
BBU	LTE-FDD	V3.10.10B04R1	LTE FDD,CL,GL,FTL,	LTE-FDD-SW-V3.10.10B04R1.p
RRU	PLAT	V3.10.10B04R1	TDS,TDL,GSM_TD,TL	PLAT-RRU-V3.10.10B04R1.pkg
BBU	LTE-TDD	V3.10.10B04R1	TDL,TL,FTL,GULTL	LTE-TDD-SW-V3.10.10B04R1.p

图 4-23　版本激活操作

4.6　设备调试

利用 OMC 网管仿真软件完成 eNodeB 数据调试，并完成拨号业务测试及 FTP 业务测试。设备调试任务见表 4-14。

表 4-14　设备调试任务

主　　题	完成 eNodeB 设备开通
任务详细描述	利用 OMC 网管软件完成 eNodeB 数据调试，并实现拨号业务和 FTP 业务功能。同时记录调试过程中的故障现象、故障分析和故障处理

按照以下步骤进行调试：

1）检查 OMC 网管是否与前台 eNodeB 正常建链。

2）将配置好的 eNodeB 数据整表同步到前台。整表同步如图 4-24 所示。

3）OMCB 通道调试。

4）SCTP 偶联是否成功建立。

5）小区状态是否正常？

6）UE 接入是否成功，FTP 业务是否正常？UE 接入成功如图 4-25 所示。

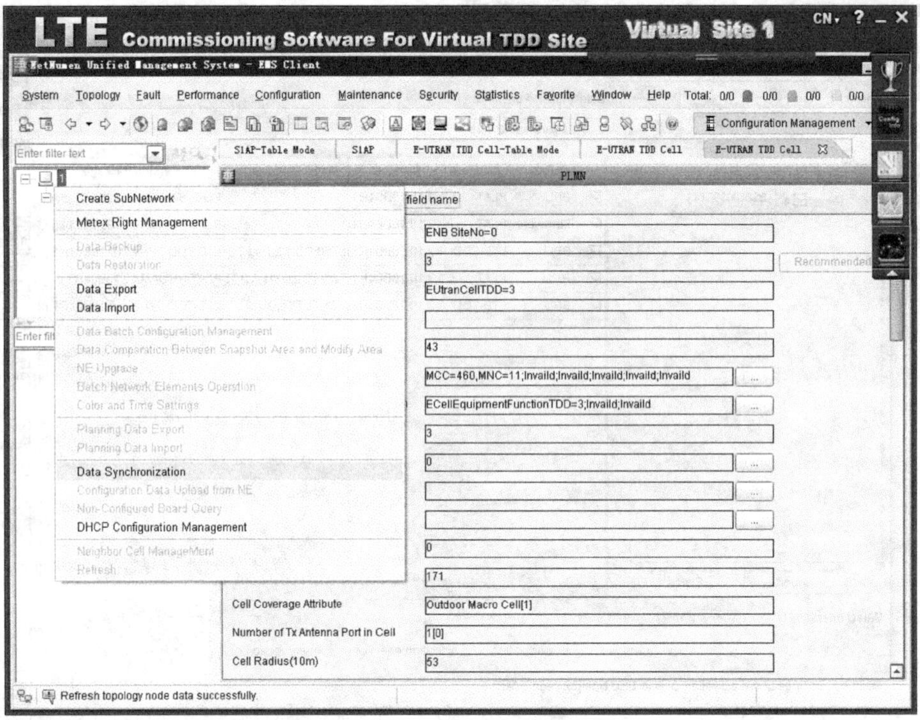

图 4-24　整表同步

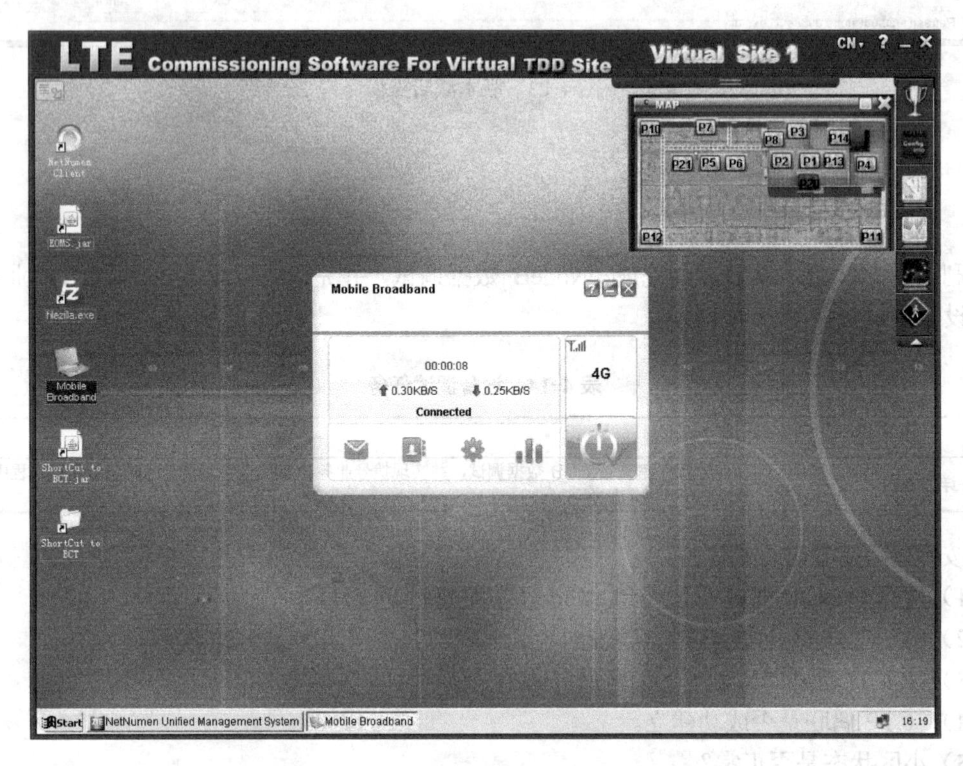

图 4-25　UE 接入成功

FTP 业务正常如图 4-26 所示。

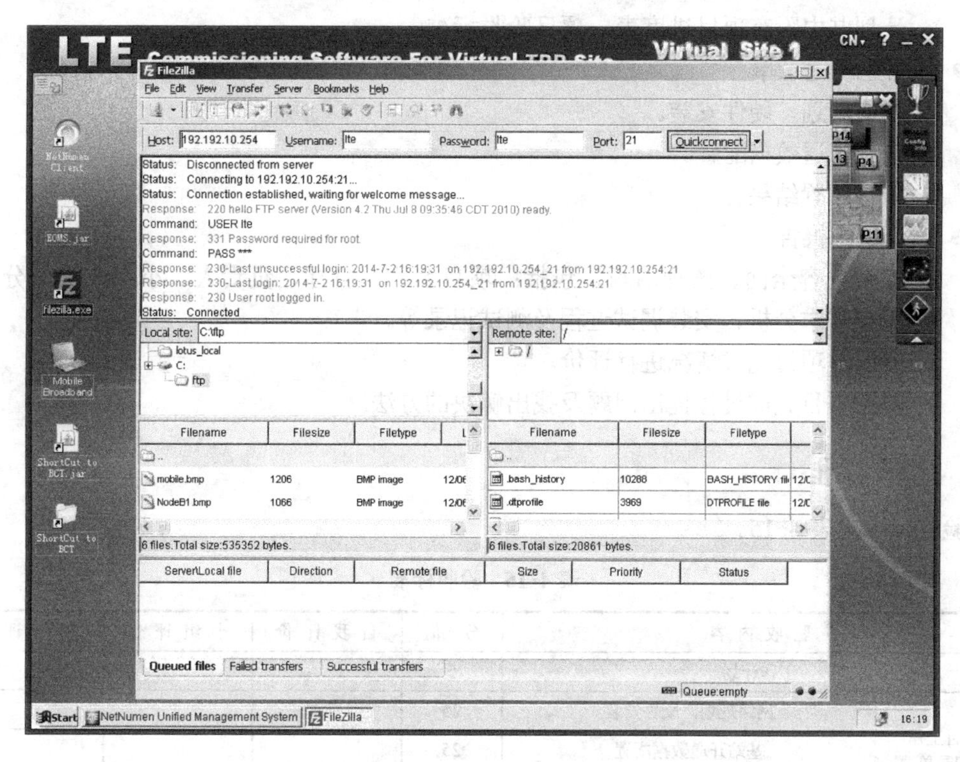

图 4-26　FTP 业务正常

4.7　任务实施

任务实施需要读者完成以下内容：

1）采用中兴 LTE 基站配置仿真软件 LTE Commissioning Software For Virtual Site 进行网络规划，硬件安装。

2）采用中兴 LTE 基站配置仿真软件 LTE Commissioning Software For Virtual Site 进行基站开通数据配置。

3）验证配置结果。

4）撰写项目总结报告。

4.8　成果验收

4.8.1　验收方式

项目完成过程中应提交以下报告。

● 工作计划书

➢ 计划书内容全面、真实，应包括项目名称、项目目标、小组负责人、小组成员及分工、子任务名称、项目开始及结束时间、项目持续时间等。

➢ 计划书中附有项目进度表，项目验收标准。

- 项目工作记录单

➢ 网络规划，硬件安装。

➢ 基站开通数据配置。

➢ 验证配置结果。

- 项目总结报告

➢ 报告内容全面、条理清晰，包括：项目名称、目标、负责人、小组成员及分工、用户需求分析、安装调试过程及测试记录等。

➢ 能够对项目完成情况进行评价。

➢ 根据项目完成过程提出问题及找出解决的方法。

4.8.2 验收标准

验收标准见表 4-15。

表 4-15 验收标准

<table>
<tr><th colspan="2">验 收 内 容</th><th>分 值</th><th>自 我 评 价</th><th>小 组 评 价</th><th>教 师 评 价</th></tr>
<tr><td colspan="2">工作计划</td><td>5</td><td></td><td></td><td></td></tr>
<tr><td rowspan="3">项目工作记录单</td><td>网络规划，硬件安装</td><td>25</td><td></td><td></td><td></td></tr>
<tr><td>基站开通数据配置</td><td>25</td><td></td><td></td><td></td></tr>
<tr><td>验证配置结果</td><td>10</td><td></td><td></td><td></td></tr>
<tr><td rowspan="3">安全文明生产</td><td>安全、文明的操作</td><td>4</td><td></td><td></td><td></td></tr>
<tr><td>有无违纪和违规现象</td><td>3</td><td></td><td></td><td></td></tr>
<tr><td>良好的职业操守</td><td>3</td><td></td><td></td><td></td></tr>
<tr><td rowspan="3">学习态度</td><td>不迟到，不缺课，不早退</td><td>4</td><td></td><td></td><td></td></tr>
<tr><td>学习认真，责任心强</td><td>3</td><td></td><td></td><td></td></tr>
<tr><td>积极参与完成项目</td><td>3</td><td></td><td></td><td></td></tr>
<tr><td rowspan="2">项目总结报告</td><td>对项目完成情况进行评价</td><td>10</td><td></td><td></td><td></td></tr>
<tr><td>提出问题及找出解决的方法</td><td>5</td><td></td><td></td><td></td></tr>
<tr><td colspan="3">自我，小组，教师评价分别总计得分</td><td></td><td></td><td></td></tr>
<tr><td colspan="3">总分</td><td colspan="3"></td></tr>
</table>

4.9 思考与练习

1．按照项目要求，完成中兴 LTE 基站配置仿真软件网络规划。

2．按照项目要求，在中兴 LTE 基站配置仿真软件中完成设备硬件安装。

3．按照项目要求，完成中兴 LTE 基站配置仿真软件 LTE Commissioning Software For Virtual Site 基站开通数据配置。

4．按照项目要求，完成中兴 LTE 基站配置仿真软件 LTE Commissioning Software For Virtual Site 设备调试。

项目 5　华为 TD-LTE 基站设备硬件结构

[背景]

LTE 网络架构结构由核心网 EPC、接入网 E-UTRAN 和用户终端 UE 三部分组成。本项目将介绍华为通信公司的 TD-LTE 接入网 E-UTRAN 的基站设备 eNodeB 硬件结构。华为通信公司的 eNodeB 设备主要由 BBU 单元和 RRU 单元组成，主要使用 3900 系列产品，该系列是一个通用的系列化产品，适用于多个 3G 和 4G 通信系统中。

[目标]

1）掌握华为 TD-LTE 系统 eNodeB 设备 BBU3900 硬件结构。

2）掌握华为基站 3900 系列化产品；掌握华为基站建设方案。

5.1　引入

在基站建设过程中，掌握基站的建设方法和要求以及掌握相关设备硬件结构与原理是完成基站建设的基础，掌握上述的内容才能正确地完成基站的硬件安装，完成硬件安装后才可以进一步进行设备的软件配置，最终实现基站设备的安装建设。

5.2　任务分析

5.2.1　任务实施条件

1）华为通信公司的 eNodeB 设备：基带单元（BBU3900）、宏基站射频单元 RFU、远端射频模块单元 RRU。

2）华为通信公司的 eNodeB 设备 LTEStar 仿真软件。

3）维护终端计算机。

5.2.2　任务实施步骤

1）制订工作计划。

2）学习华为 TD-LTE 系统 eNodeB 设备 BBU3900 硬件结构。

3）学习华为通信公司的基站 3900 系列化产品。

4）能够用华为通信公司基站基本模块与配套设备灵活组合，形成综合的基站建设方案。

5）能够对项目完成情况进行评价。

6）根据项目完成过程提出问题及找出解决的方法。

7）撰写项目总结报告。

5.3 LTE 设备介绍

华为 3900 系列产品采用模块化架构，主要基本模块可以包括：基带单元（BBU3900）、宏基站射频单元 RFU、远端射频模块单元 RRU；配套件包括：APM30、室内宏机柜、室外射频柜等。通过三种基本模块与配套设备灵活组合，形成综合的站点解决方案。

BBU3900 与 RRU/RFU 之间采用 CPRI（Common Public Radio Interface）接口，通过光纤或电缆相连接，以适应网络建设的要求。

5.3.1 BBU3900

BBU3900 采用盒式结构，是一个 19in 宽、2U 高的小型化的盒式设备，可安装在任何具有 19in 宽、2U 高的室内环境或有防护功能的室外机柜中，BBU3900 外观如图 5-1 所示。

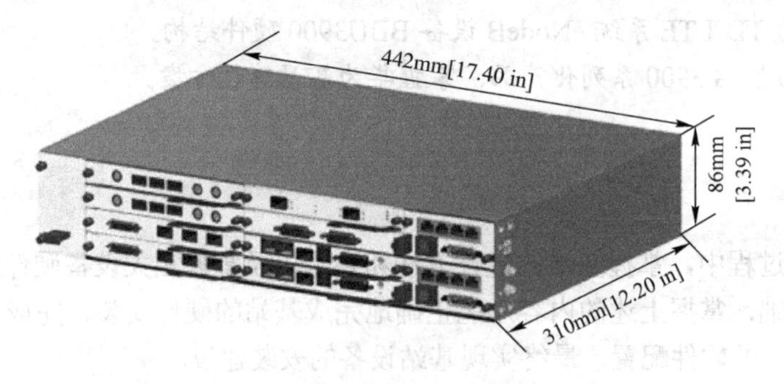

图 5-1　BBU3900 外观

BBU3900 在 2U 空间内集成了主控、基带以及传输等功能，根据所需的处理能力进行灵活配置。BBU3900 电风扇和电源单板配置位置如图 5-2 所示。

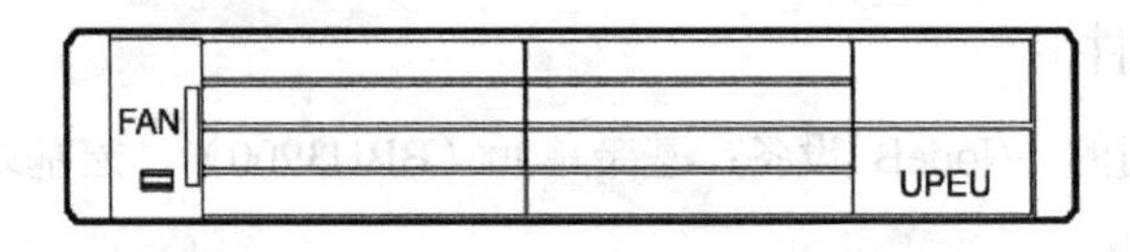

图 5-2　BBU3900 电风扇和电源单板配置位置

BBU3900 中共有八个槽位号 S0～S7，槽位 S0～S5 只能插基带板即 LBBP，S6、S7 号槽只能插主控板即 LMPT。BBU3900 槽位号如图 5-3 所示。

<table>
<tr><td rowspan="4">FAN</td><td>S0</td><td>S4</td><td rowspan="2"></td></tr>
<tr><td>S1</td><td>S5</td></tr>
<tr><td>S2</td><td>S6</td><td rowspan="2">UPEU</td></tr>
<tr><td>S3</td><td>S7</td></tr>
</table>

图 5-3　BBU3900 槽位号

BBU3900 的单板和模块主要功能见表 5-1。

表 5-1　BBU3900 的单板和模块主要功能

单板名称	功　能
LMPT	LMPT（LTE Main Processing&Transmission unit）是 LTE 主控传输单元。主要功能包括：控制和管理整个基站，完成配置管理、设备管理、性能监视、信令处理及无线资源管理等 OM 功能。提供基准时钟、传输接口以及与 OMC（LMT 或 M2000）连接的维护通道
LBBP	LBBP（LTE BaseBand Processing unit）是 LTE 基带处理板，包括 LBBPd1、LBBPd2。主要功能包括：提供与射频模块的 CPRI 接口；完成上下行数据的基带处理功能
UPEU	UPEU（Universal Power and Environment Interface Unit）是通用电源环境接口单元，提供 DC -48V/ +24V 到 DC+12V 电源转换，提供环境监控信号接口
FAN	FAN（FAN Unit）是通用 BBU3900 风扇单元，为 BBU3900 主要的散热部件

5.3.2　RRU3832

RRU3832 为 2T4R 远端射频模块单元，可靠近天线安装，RRU3832 外观如图 5-4 所示。

图 5-4　RRU3832 外观

RRU3832 特点主要是：设备体积小，重量轻，方便安装与维护；支持挂墙、抱杆、机架安装等多种安装方式；设备采用自然散热，整体功耗小，无噪声。

5.3.3　RRU3838

RRU3838 为 2T2R 远端射频模块单元，可靠近天线安装，RRU3838 外观如图 5-5 所示。

图 5-5　RRU3838 外观

RRU3838 特点主要是：设备体积小，重量轻，方便安装与维护；支持挂墙、抱杆及机架安装等多种安装方式；设备采用自然散热，整体功耗小，无噪声。

5.3.4 RFUd

RFUd 最大机顶输出功率 2×60W，用于 BTS3900 和 BTS3900A 机柜中，RFU 外观如图 5-6 所示。RFU 特点主要是：设备体积小，重量轻，方便安装与维护；设备采用自然散热，整体功耗小，无噪声。

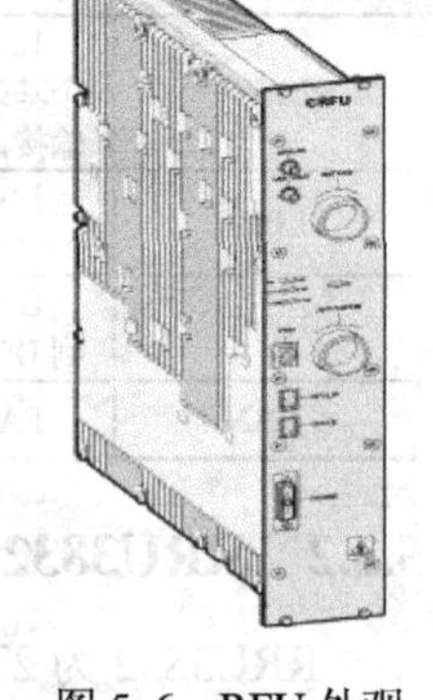

图 5-6 RFU 外观

5.3.5 APM30

APM30（Advanced Power Module）是室外型一体化后备电源系统，为分布式基站、室外宏基站和小基站提供-48V 直流供电和蓄电池备电电源，并为 BBU3900 和用户设备提供安装空间，满足快速建网的要求。

APM30 内置电源模块（Power Supply Unit，PSU）、电源监控模块（Power Monitoring Unit，PMU）、配电单元（Power Distribution Unit，PDU）、防雷单元、温控单元和蓄电池等，同时提供用户设备安装空间，实现了直流供电、蓄电池管理和电源系统监控通信、配电、防雷、温控、备电及用户传输设备安装等多种功能。

APM30 体积小，重量轻、支持抱杆和落地安装，可内置 24A·h 蓄电池。

APM30 外部结构图如图 5-7 所示。

APM30 内部结构图如图 5-8 所示。

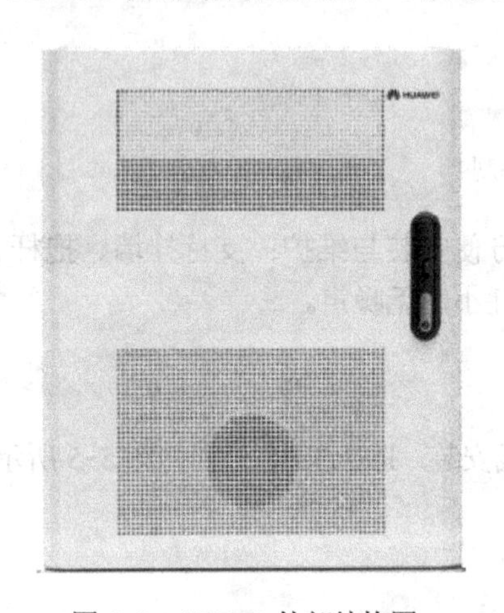

图 5-7 APM30 外部结构图

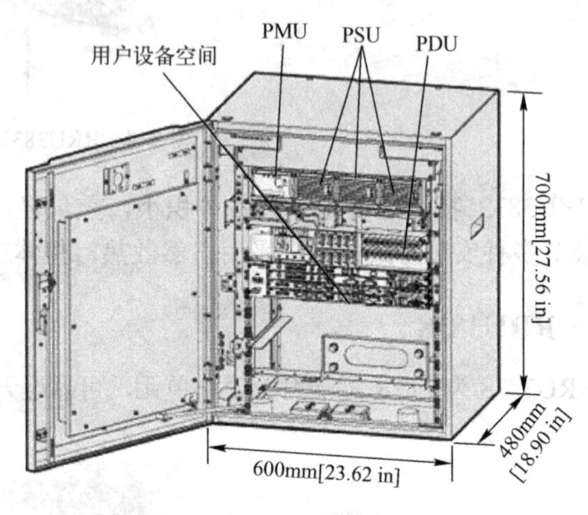

图 5-8 APM30 内部结构图

APM30 技术规格见表 5-2。

表 5-2 APM30 技术规格

参 数		指 标
工程指标	机柜外形尺寸（宽×高×深）（不带安装底座）	600mm×700mm×480mm
	重量（不包括蓄电池和用户传输设备）	<=91kg

（续）

参　数		指　标
工程指标	工作温度	-40～55℃ 在-20℃以下的环境里，需要配置交流加热器
交流输入	输入电压类型	AC 220V 三相、AC 200V 单相、AC 110V 双火线
直流输出	输出电压范围	DC -58～-44V
	直流输出路数	10 路
设备安装空间	剩余传输空间	提供 7U 设备安装空间

5.3.6 室内宏机柜

室内宏机柜用于室内环境，为 BBU3900、RFU 模块提供配电、防雷等功能，室内宏机柜具有体积小，占地面积小，满足室内集成安装及快速建网的要求。

BTS3900 单机柜最大可安装 6 个 CRFU 模块。支持 CDMA、WIMAX 和 LTE 共机柜，有利于节省安装空间，便于平滑演进。

BTS3900 机柜支持 DC -48V/24 电源输入或 220V 交流输出，DC -48V BTS3900 单机柜内部结构图如图 5-9 所示。

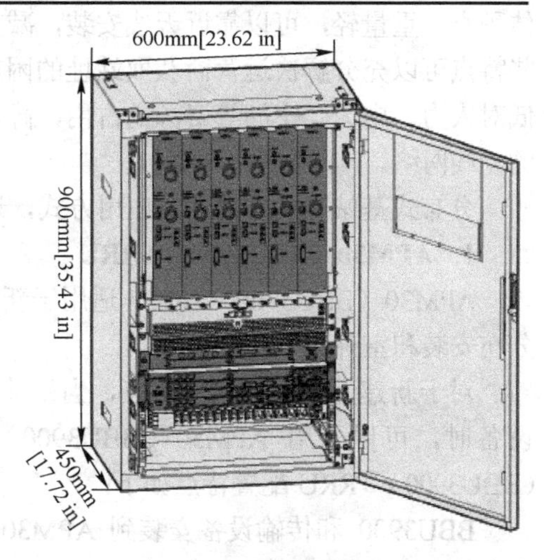

图 5-9　DC -48V BTS3900 单机柜内部结构图

5.3.7 室外射频柜

室外射频柜用于室外环境，通过与 APM30 堆叠安装，为 RFU 和 BBU3900 提供配电、防雷、防护等功能。室外射频柜最大可安装 6 个 CRFU 模块，室外射频柜结构图如图 5-10 所示。

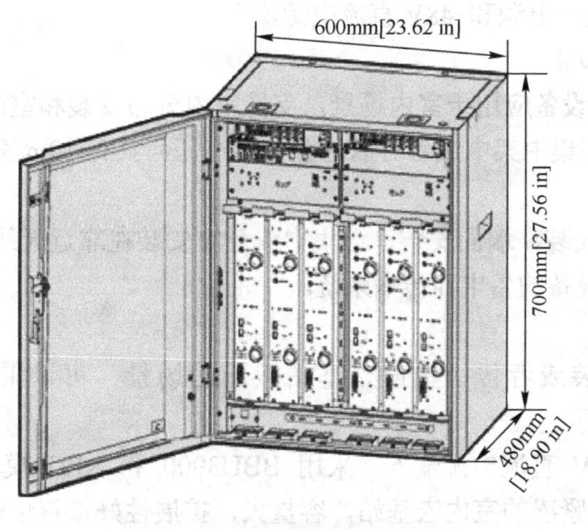

图 5-10　室外射频柜结构图

BTS3900A 所有制式（包括 CDMA、WIMAX 和 LTE）共用室外柜，有利于节省安装空间和平滑演进。

5.4 基站建设方案

随着移动网络的不断扩容，基站的选址成为建网中一个瓶颈，无论是与其他共站址还是重新选址，都变得越来越困难，成本也越来越高。

分布式基站 DBS3900 占地面积小、易于安装、功耗低，便于与现有站点共存。而 RRU 体积小、重量轻，可以靠近天线安装，减少馈线损耗，提高系统覆盖能力。分布式基站的这些特点可以充分解决运营商获取站址的困难，方便网络规划和优化，加快网络建设速度，降低对人力、电力、空间等资源的占用，降低运营商总成本，从而快速经济的建设一个高质量的无线网络。

分布式基站有多种灵活的应用方式，适应各种场景的快速建网的需求。

1．APM30（BBU3900）+RRU

APM30（BBU3900）+RRU 适用于新建无线网络室外站点，应用于室外场景，支持室外分布安装和室外集中安装。

对于新建无线网络室外站点，当站址提供交流电源或-48V 直流电源，并需要新增备电设备时，可以采用 APM30（BBU3900）+RRU 配置替代室外型宏基站的应用。APM30（BBU3900）+RRU 配置特点如下：

BBU3900 和传输设备安装到 APM30 内，RRU 可集中或分布安装在金属桅杆或电线杆上靠近天线安装。

APM30 为 BBU3900 提供安装空间和室外防护，为 BBU3900 和 RRU 提供 DC -48V 电源，同时提供蓄电池管理、监控、防雷等功能。

一个 APM30 可支持 6 个 RRU 供电。

APM30 中可内置 24A·h 蓄电池。

支持 220V/110V 交流电源和-48V 直流电源输入。

2．利用现有站址设备

建议利用现有站址设备应用于室内场景，支持室内分布安装和室内集中安装。

BBU3900 可安装在集中架中或者可以内置安装在任何具有 19in 宽、2U 高空间的标准机柜中。

RRU 支持集中架安装、墙面安装，可集中或分布安装在靠近天线附近，同时 BBU3900 和 RRU 可以共享其他设备的备电和传输系统。

3．BTS3900

对于室内集中安装或者传统室内宏基站搬迁的场景，可以采用机柜式室内宏基站 BTS3900，如图 5-9 所示。

BTS3900 支持-48V 直流电源输入，采用 BBU3900 和 RFU 模块集中安装在室内机柜中，BTS3900 是业界最紧凑的室内宏基站，容量大，扩展性好，重量轻，占用空间小。

4．BTS3900A

对于室外集中安装或传统室外宏基站搬迁的场景，可以采用机柜式室外宏基站 BTS3900A，BTS3900A 由室外射频柜和 APM30 堆叠组成，BBU3900 模块内置在 APM30

中，RFU 模块安装在射频柜中，机柜式室外宏基站 BTS3900A 如图 5-11 所示。

其配置特点如下：

BBU3900 和传输设备安装到 APM30 内，RFU 安装在射频柜中。

APM30 为 BBU3900 提供安装空间和室外防护，为 BBU3900 和 RFU 提供 DC -48V 电源，同时提供蓄电池管理、监控及防雷等功能。

一个射频柜最多可安装 6 个 RFU。

支持 220V 单相、三相和 110V 双火线电源输入。

BTS3900A 是业界最紧凑的机柜式室外宏基站，采用可堆叠式方式进行设计，降低了单体重量，便于搬运。

5. 室内 BBU 基带柜+多个交流 RRU

本解决方案适用于需要多个 RRU 进行同一建筑物内的室内覆盖。采用机柜式宏基站如图 5-12 所示。

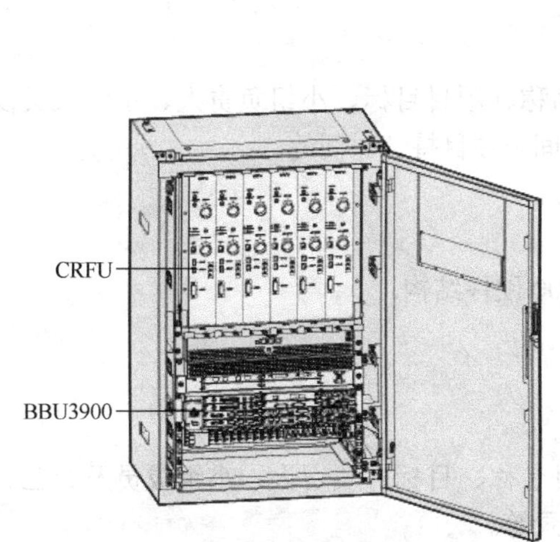

图 5-11 机柜式室外宏基站 BTS3900A

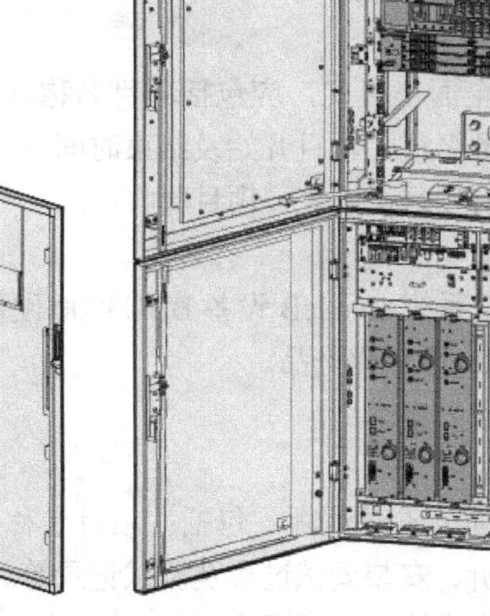

图 5-12 采用机柜式宏基站

BBU 室内基带柜安装 2U 的 BBU3900 和 1U 的电源模块，挂墙安装。RRU 全部采用交流独立供电，通过光纤拉远，覆盖不同楼层或区域。

6. 双模基站

3900 系列化基站采用统一平台，模块化设计，支持不同制式系统共用机柜。该平台确保 CDMA 系统平滑演进到 LTE，保护运营商的投资。

CDMA+LTE 实现方式如下所述。

基带部分未来增加 LTE 制式的基带单板可以插到同一个 BBU3900 中，支持 CDMA+LTE 双模。

对于射频部分，CDMA 和 LTE 在相同频段时，射频模块 CRFU 可以支持 CDMA 和 LTE。未来可以增加射频模块插到同一个机柜中，通过软件升级配置不同模块，使其一部分为 CDMA 单模，一部分为 LTE 单模；或者不增加射频模块通过软件升级设置，支持 CDMA+LTE 双模。

CDMA 和 LTE 在不同频段时，可采用增加不同频段 RRU 或 CRFU 的方式支持 LTE。

5.5 任务实施

任务实施需要学生完成以下内容：

1）学习华为 TD-LTE 系统 eNodeB 设备 BBU3900 硬件结构。

2）学习华为基站 3900 系列化产品。

3）学习华为基站建设方案。

5.6 成果验收

5.6.1 验收方式

项目完成过程中应提交以下报告。

- 工作计划书
  - 计划书内容全面、真实，应包括项目名称、项目目标、小组负责人、小组成员及分工、子任务名称、项目开始及结束时间及项目持续时间等。
  - 计划书中附有项目进度表，项目验收标准。
- 项目工作记录单
  - 华为 TD-LTE 系统 eNodeB 设备 BBU3900 硬件结构。
  - 华为基站 3900 系列化产品。
  - 华为基站建设方案。
- 项目总结报告
  - 报告内容全面、条理清晰，包括：项目名称、目标、负责人、小组成员及分工、用户需求分析、安装调试过程及测试记录等。
  - 能够对项目完成情况进行评价。
  - 根据项目完成过程提出问题及找出解决的方法。

5.6.2 验收标准

验收标准见表 5-3。

表 5-3 验收标准

验收内容		分值	自我评价	小组评价	教师评价
工作计划		5			
项目工作记录单	华为 TD-LTE 系统 eNodeB 设备 BBU3900 硬件结构	20			
	华为基站 3900 系列化产品	20			
	华为基站建设方案	20			

（续）

验收内容		分 值	自我评价	小组评价	教师评价
安全文明生产	安全、文明的操作	4			
	有无违纪和违规现象	3			
	良好的职业操守	3			
学习态度	不迟到，不缺课，不早退	4			
	学习认真，责任心强	3			
	积极参与完成项目	3			
项目总结报告	对项目完成情况进行评价	10			
	提出问题及找出解决的方法	5			
自我，小组，教师评价分别总计得分					
总分					

5.7 思考与练习

1. 华为3900系列产品包括哪些设备?
2. BBU3900的结构特点是什么?
3. BBU3900的单板和模块的主要功能是什么?
4. APM30设备的作用是什么?
5. 若要新建无线网络室外站点，可以采用怎样的建设方案?

项目 6　华为 TD-LTE 基站设备开通配置

[背景]

华为 TD-LTE 基站设备开通配置在 LMT（Local Maintenance Terminal）提供的 MML（Man Machine Language）命令输入工具中完成。TD-LTE 基站设备的数据配置主要包括系统和设备管理配置、传输管理配置、无线管理配置。其中，系统和设备管理配置实现 TD-LTE 的系统和设备参数配置过程；传输管理配置介绍 TD-LTE 连接接口配置的过程；无线管理配置介绍系统建立小区的配置过程。

[目标]

1）能使用华为 eNodeB 设备 LTEStar 仿真软件完成软件安装，工程操作。

2）能在华为 eNodeB 设备上或者 LTEStar 仿真软件上按照业务需求进行系统和设备管理配置、传输管理配置、无线管理配置；能够验证设备开通。

6.1　引入

华为 TD-LTE 基站开通配置项目中，本书通过华为 TD-LTE 基站设备来学习基站设备开通配置的过程。本项目需要使用华为的 eNodeB 设备：基带单元（BBU3900）、宏基站射频单元 RFU、远端射频模块单元 RRU；也可以使用华为通信公司的 eNodeB 设备 LTEStar 仿真软件来学习。

通过本项目的完成，使读者能初步掌握华为 TD-LTE 基站的数据配置和开通等过程。

6.2　任务分析

6.2.1　任务实施条件

1）华为通信公司的 eNodeB 设备：基带单元（BBU3900）、宏基站射频单元 RFU、远端射频模块单元 RRU。

2）华为通信公司的 eNodeB 设备 LTEStar 仿真软件。

3）维护终端计算机。

6.2.2　任务实施步骤

1）制订工作计划。

2）读懂 MML 命令语言。

3）能使用 LTEStar 仿真软件完成软件安装。

4）能使用 LTEStar 仿真软件完成工程操作。

5）能在 LTEStar 仿真软件上按照业务需求进行系统和设备管理配置、传输管理配置、无线管理配置。

6）能在 LTEStar 仿真软件上验证设备开通。

7）进行项目完成情况的评价，撰写项目总结报告。

6.3 MML 命令

人机语言（Man Machine Language，MML），在华为 TD-LTE 基站设备上采用 MML 实现 LMT 的配置，用户可以通过界面方式或者脚本方式执行 MML 命令。

MML 命令支持灵活的批处理模式和命令行模式执行人机交互。批处理模式即脚本方式，命令行模式即界面方式。批处理模式下，用户可以立即或者指定时间执行命令脚本，立即批处理执行模式下可以选择人工干预对错误的命令进行编辑。命令行模式下，用户无需了解命令的语法格式，只需通过在图形界面选择对象或操作并输入相应参数来执行一条命令。

MML 命令的语法格式如下：

```
Action NAME:Attribute=value, [attribute=value];
```

说明：

Action 代表针对对象树上指定对象的操作，例如新增（ADD），删除（DEL），设置（MOD）等。

NAME 代表针对对象树上指定对象，例如 CABINET、BRD、CELL。

Attribute 为对象参数名称。

Value 代表对象参数取值。

例如：

```
ADD CABINET: CN=0, TYPE=VIRTUAL;
```

命令作用为：增加机柜，柜号为 0，机柜型号为 VIRTUAL。

```
ADD SUBRACK: CN=0, SRN=0, TYPE=BBU3900;
```

命令作用为：增加机框，柜号为 0，框号为 0，机框型号为 BBU3900。

```
ADD BRD: SN=7, BT=LMPT;
```

命令作用为：增加单板，槽位号为 7，单板型号为 LMPT。

MML 命令动作含义见表 6-1。

表 6-1 MML 命令动作含义

动作英文缩写	动 作 含 义
ADD	增加
MOD	设置和修改
LST	查询静态参数
DSP	获取状态
DEL	删除
ACT	激活
DEA	去激活

6.4　LTEStar 软件设备配置开通

本节应用华为 TD-LTE 基站设备来学习基站设备开通配置的过程，使用华为通信公司的 eNodeB 设备 LTEStar 仿真软件来学习。TD-LTE 基站设备的数据配置主要包括系统和设备管理配置、传输管理配置、无线管理配置；分别实现系统和设备参数配置过程、连接接口配置的过程、系统建立小区的配置过程。

6.4.1　LTEStar 软件环境准备

1．软件安装

如果已安装过 LTEStar 软件之前发布的版本，请先卸载，再安装。在安装光盘中用鼠标双击 LTEStarSetup.exe。在向导界面单击 Next 按钮。选择安装路径后单击 Next 按钮，默认路径是 C:\ProgramFiles\Huawei\LTEStar。安装目录不支持中文路径。选择创建的文件夹后，选择 Next 按钮；根据需要勾选 Create a desktop icon，单击 Next 按钮；在安装确认界面中，单击 Install 按钮；在安装过程中会自动安装硬件狗驱动，请耐心等待。安装完成后，根据需要勾选 Launch LTEStar，单击 Finish 按钮，安装完成。LTEStar 软件安装如图 6-1 所示。

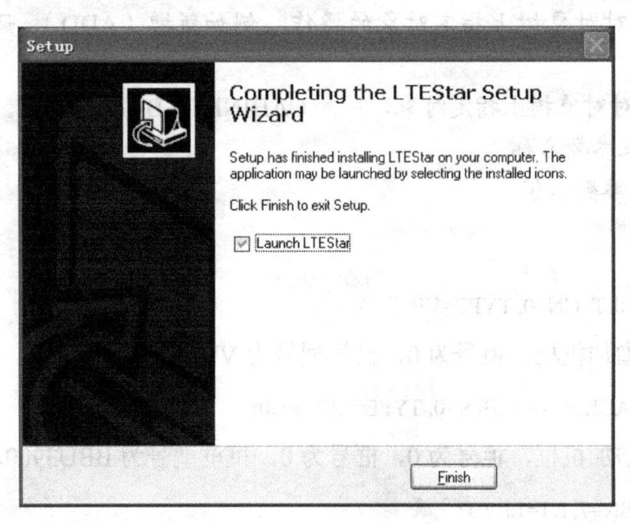

图 6-1　LTEStar 软件安装

2．安装 JRE 插件（可选）

在安装光盘包中运行 jre-6u25-windows-i586.exe 进行安装，安装完成即可。为了支持 Web LMT 中的跟踪功能，需要安装 jre 插件方可使用；如已安装过 jre 插件，此步骤可跳过。

3．进行 IE 设置

打开“Internet 选项”→“高级”→“HTTP 设置”，勾选“使用 HTTP 1.1”，“通过代理连接使用 HTTP 1.1”，单击“确定”按钮后，重启 IE。如果不勾选，可能导致 Web LMT 加载命令目录加载失败。

如果刚升级 IE，直接用历史记录里的 IP 进行访问 Web LMT 可能会导致某些 MML 命令执行失败，重新输入 IP 地址进行访问即可解决。在脱机模式下，也会导致 Web LMT 登录失败。在“Internet 选项”→“连接”→“局域网设置”，取消勾选“代理服务器”。若开启会导致 Web LMT 无法连接。

4．在 Windows 7 环境需关闭 World Wide Web Publishing Service

在“控制面板”→“系统和安全”→“管理工具”→“服务”下面禁用 World Wide Web Publishing Service，若此服务不禁用会导致在 Windows 7 环境中 Web LMT 无法正常登录。

5．硬件狗 License

客户在购买 LTEStar 模拟基站软件时，将随 LTEStar 软件一起附带硬件狗 License，该 license 没有时间限制。

在使用 LTEStar 模拟基站软件前，请将硬件狗 License 插入 USB 接口，直接启动 LTEStar 软件，若没有插入硬件狗 License 将弹出异常提示框，软件将无法使用。

在使用本软件过程中切勿拔出硬件狗 License，否则将产生不可控的结果。

6.4.2 软件登录

1．选择运行模式以及网卡

运行模式分为本地模式和网络模式。在本地模式下，用户不需要选择运行的网卡，如果 PC 上没有可用网卡时，在本地模式下软件也能正常使用，在此模式下不用考虑配置基站 IP 时与网络上别的 IP 冲突。但此模式不支持与其他 PC 或者设备的信息交互，如不支持连接 M2000 功能。

在网络模式下，用户 PC 上如果存在一个以上可用的本地网卡，则需要手动选择运行的网卡；另外，此模式下支持与其他 PC 或者设备的信息交互，如支持连接 M2000 功能。

用鼠标双击打开桌面软件快捷方式图标，或者在任务栏单击“开始”按钮，再单击 LTEStar 运行软件。

如果没有插入硬件狗或硬件狗不可用，会弹出下面异常提示框，如图 6-2 所示。

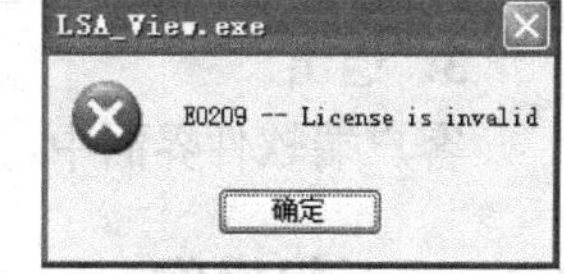

图 6-2 异常提示框

打开的选择模式窗口中，单击按钮，选择本地模式或者网络模式。选择模式窗口如图 6-3 所示。

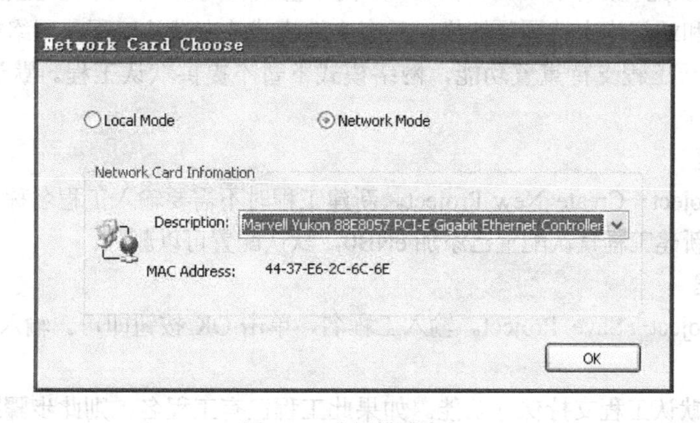

图 6-3 选择模式窗口

若在上述步骤中选择网络模式，请选择本地物理网卡且确保网络连接正常，单击“OK”按钮。在网络模式下选择网卡时请选择本地物理网卡。在网络模式下若网络连接异常，会导致小区建立失败等问题。

如果不使用 M2000 进行设备管理，应该选择本地模式。在本章的配置过程中，不需要使用 M2000，需要选择本地模式。

2. 登录

实现该步骤的前提条件是运行模式以及网卡选择完成。打开“登录”对话框，如图 6-4 所示。

输入 IP 地址和端口号，目前只支持本地 Server，所以 IP 为 127.0.0.1；端口号为 6666。

若勾选 Auto Login，则下次重新登录时会自动进行登录，否则需要手动登录，在主界面中可取消自动登录。Auto Login 菜单如图 6-5 所示。

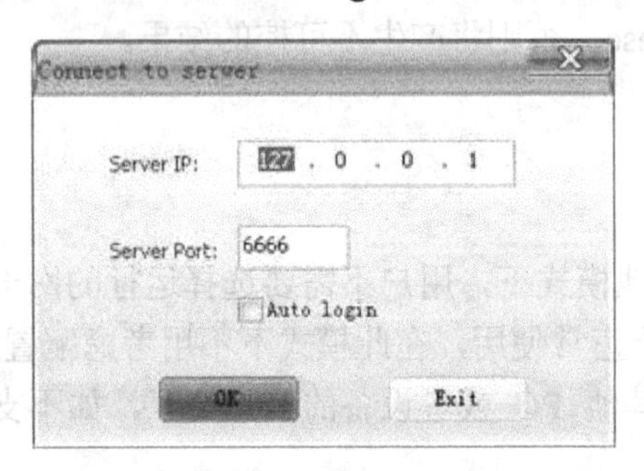

图 6-4 “登录”对话框

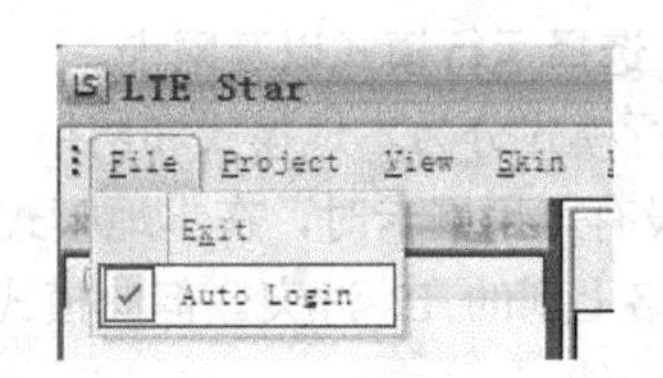

图 6-5 Auto Login 菜单

单击 OK 按钮，即完成登录。登录软件的同时，会自动启动本地核心网。

3. 退出

客户端软件界面中，选择 File→Exit，或者直接关闭客户端软件，退出系统。

6.4.3 工程操作

1. 默认工程

只在 Local Mode 模式下提供两个默认工程：LS_Default_Project_FDD 和 LS_default_Project_TDD。默认配置如下：eNB0 和 eNB1 两个基站和 UE；站内两小区配置完成；UE 开机可入网；站内和站间均支持同频切换。只有本地模式才有默认工程，网络模式下不提供默认工程。只有默认工程支持重置功能，网络模式下暂不提供默认工程。默认工程如图 6-6 所示。

2. 创建工程

单击菜单 Project→Create New Project。新建工程时不需要输入工程名称，保存工程时提示为工程命名。新建工程默认配置已添加 eNB0，默认配置可以删除。

3. 保存工程

单击菜单 Project→Save Project。输入工程名，单击 OK 按钮即可。输入工程名如图 6-7 所示。

本地模式下默认工程支持保存功能。如果此工程已有工程名，则此步骤跳过，如工程重名会给出提示，重新命名即可。网络模式也不能和本地模式下的工程重名。

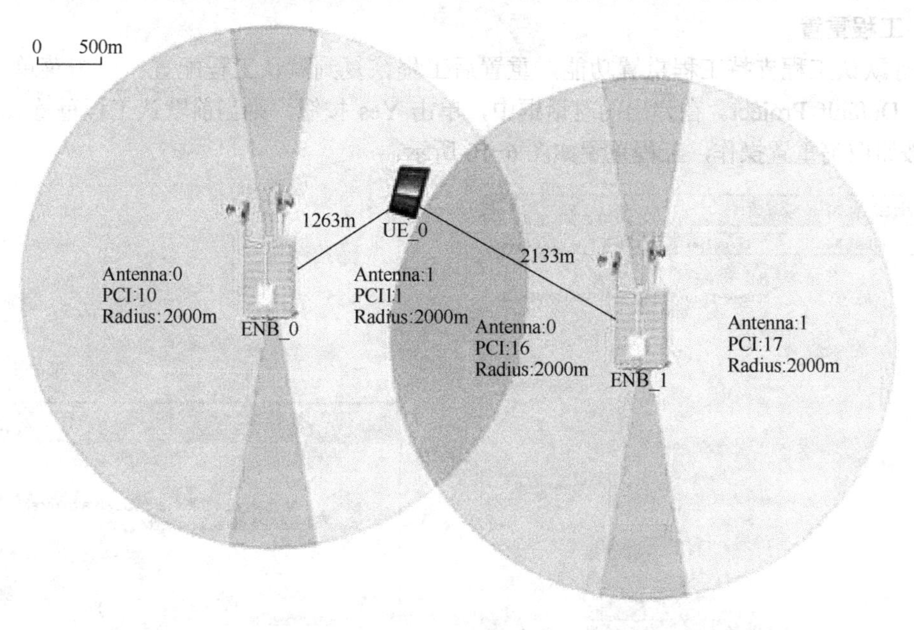

图 6-6 默认工程

4．加载工程

本地模式下，首次默认加载默认 TDD 工程，用户可根据个人情况选择重新加载默认 FDD 工程，或者新建空白工程。单击菜单 Project→Load Project；选择要加载的工程，单击 Load 按钮，加载工程如图 6-8 所示，不允许加载当前工程，即红色字体的工程。

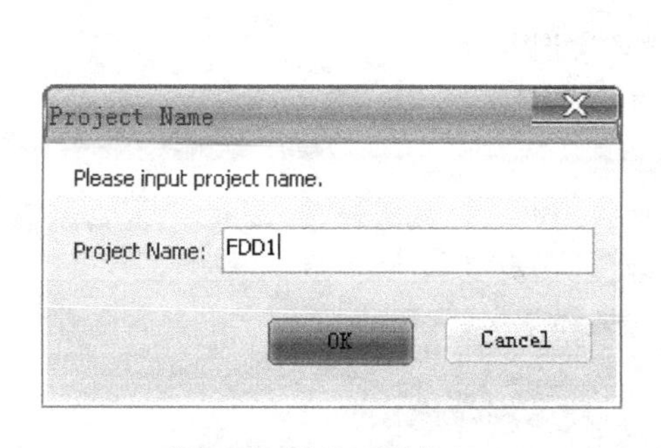

图 6-7 输入工程名

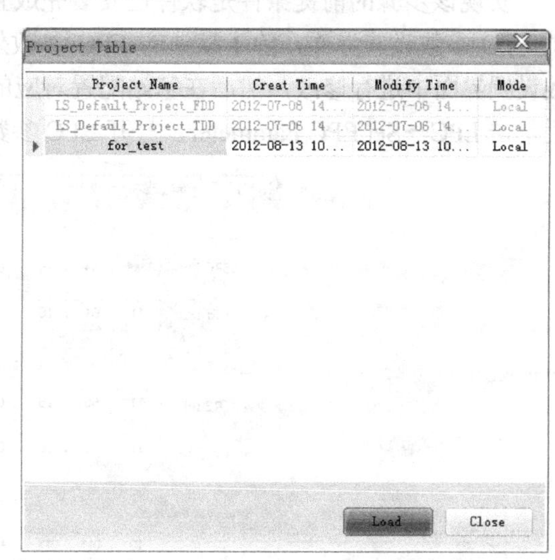

图 6-8 加载工程

5．删除工程

单击菜单 Project→Delete Project。选择需要删除的工程，单击 Delete 按钮，删除工程如图 6-9 所示。

不允许删除当前工程和默认工程，当前工程即红色字体的工程。

6. 工程重置

只有默认工程支持工程重置功能，重置后工程恢复到默认工程配置。单击菜单 Project →Reset Default Project。在弹出的对话框中，单击 Yes 按钮，则当前默认工程重置成功，单击 No 按钮取消重置操作，工程重置如图 6-10 所示。

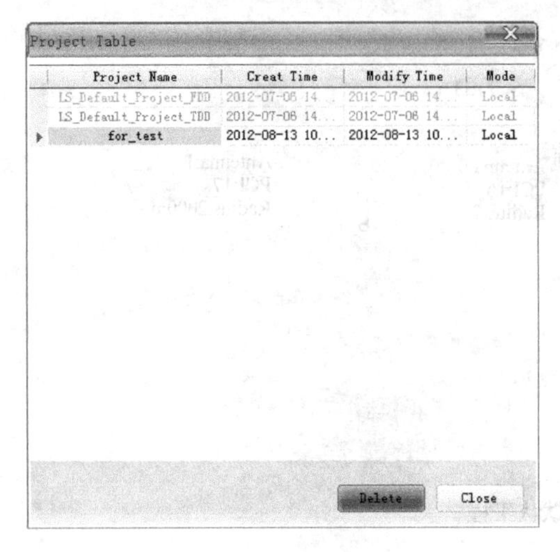

图 6-9　删除工程

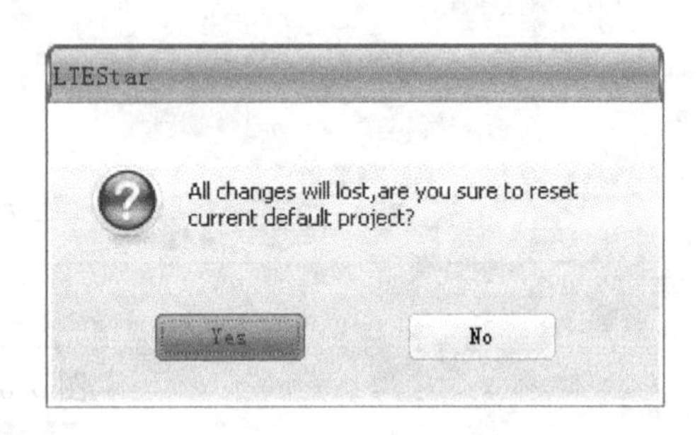

图 6-10　工程重置

6.4.4　LTE 全网通信参数配置

实现该步骤的前提条件是软件已安装完成且已插入可用的硬件狗 license。在主界面中提供 EPC 参数设置界面，除了默认的 EPC 参数外，只要是合法的 IP 配置，均可以在 EPC 参数设置界面中进行修改，然后在基站配置对应的 IP，小区即可正常。设置方法如下：在菜单栏单击 EPC→Set EPC Parameter，打开 EPC 参数设置界面，如图 6-11 所示。

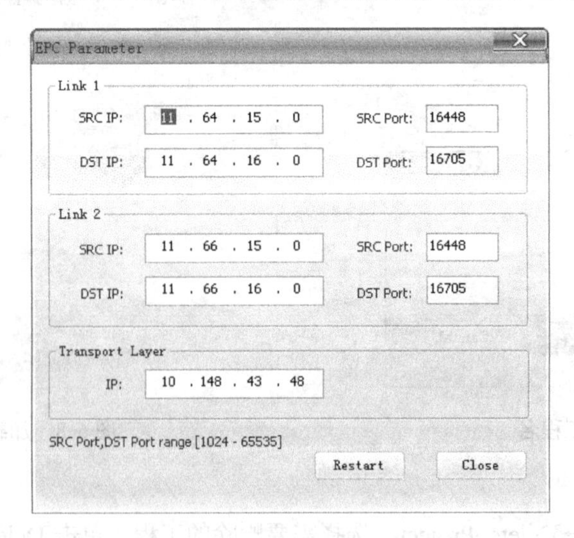

图 6-11　EPC 参数设置界面

界面中的参数为默认配置，根据上面的 IP 配置小区是可以正常激活的，下文中所有跟小区相关的配置实例都是以界面的默认参数进行配置。新建工程时，EPC 参数会恢复默认配置。

Link 1 和 Link2 链路：

SRC IP 和 SRC Port 对应基站添加 SCTPLNK 时的 PEERIP 和 PEERPORT。

DST IP 和 DST Port 对应基站添加 SCTPLNK 时的 LOCIP 和 LOCPORT。

Transport Layer：

Transport Layer 下的 IP 对应基站添加 IPPATH 时的 PEERIP。

EPC 参数修改后，单击 Restart 按钮。修改 EPC 参数时，注意：修改的 IP 不要与网络上别的 IP 冲突。基站中添加 SCTPLNK 对应 EPC 配置界面中的 Link1 或者 Link2 相同，小区即可激活成功。基站中添加 IPPATH 时的 PEERIP 对应 EPC 配置界面 Transport Layer 下的 IP 相同，UE 即可入网。

在网络模式下 Link1 或 Link2 的 SRC IP 和 DST IP 在第一次修改时需要成对的修改，为避免 IP 在网络上冲突。否则会给出提示，如图 6-12 所示。

在 MML 用命令 SET LOCALIP 设置 LOCALIP 时，填写的 IP 不能和 Link1 或者 Link2 中的 DST IP 相同，否则会导致 WEB LMT 连接失败。

在确认修改提示框中单击 Yes 按钮即可，如图 6-13 所示。

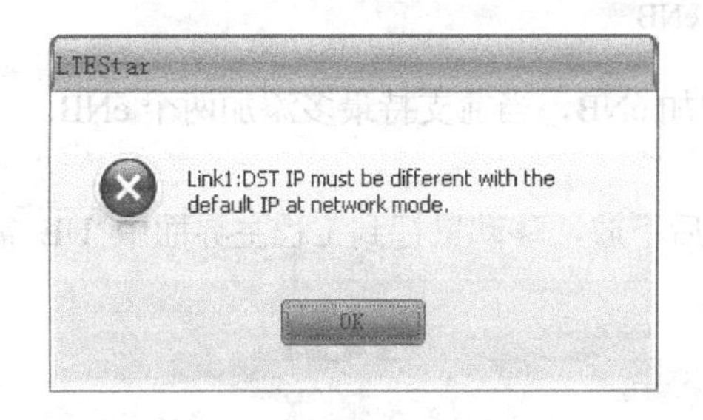

图 6-12　IP 冲突提示

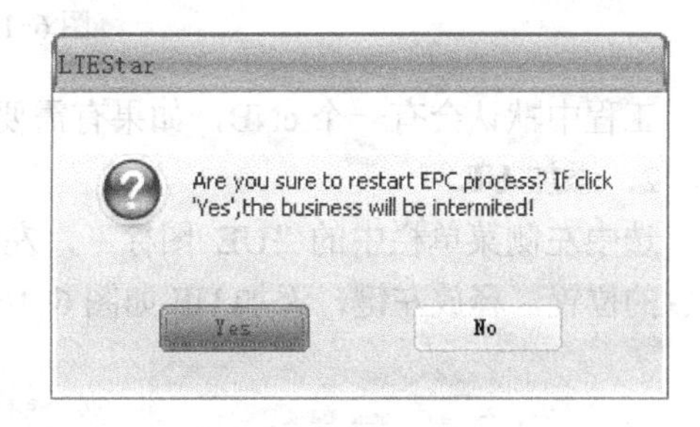

图 6-13　确认修改提示框

给出提示修改 EPC 参数成功，单击 OK 按钮，如图 6-14 所示。

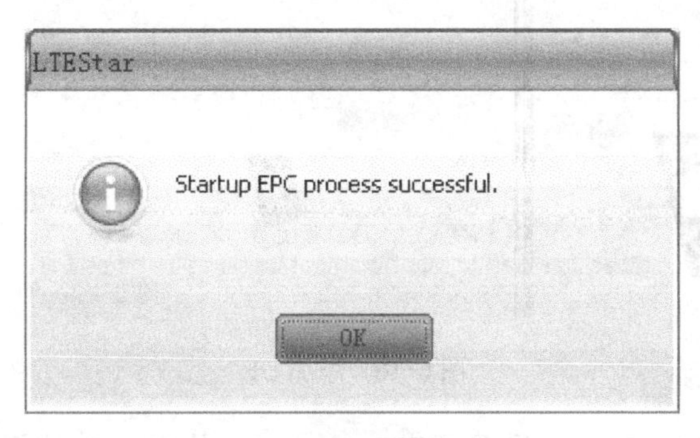

图 6-14　修改 EPC 参数成功

6.4.5　LTE 网络拓扑及硬件配置

实现该步骤的前提条件是软件已安装完成且已插入可用的硬件狗 license。

1．添加 eNB

方法如下：选中左侧菜单栏中的“eNB 图标”，单击左键后不放，移动鼠标到工程主界面中 eNB 需要放的位置，释放左键，eNB 添加完成，如图 6-15 所示。

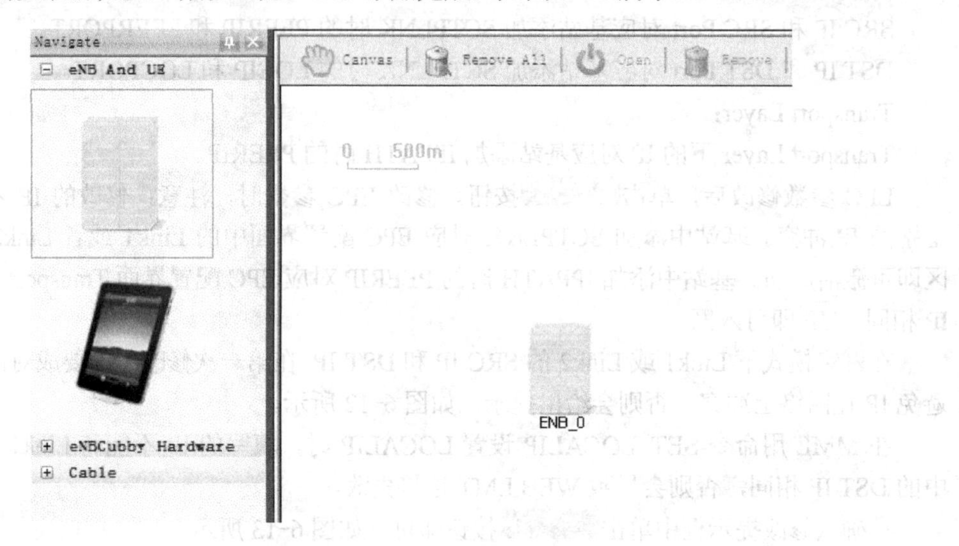

图 6-15　添加 eNB

工程中默认会有一个 eNB，如果有需要可以增加 eNB，当前支持最多添加两个 eNB。

2．添加 UE

选中左侧菜单栏中的“UE 图标”，左键单击后不放，移动鼠标到工程主界面中 UE 需要放的位置，释放左键，添加 UE 如图 6-16 所示。

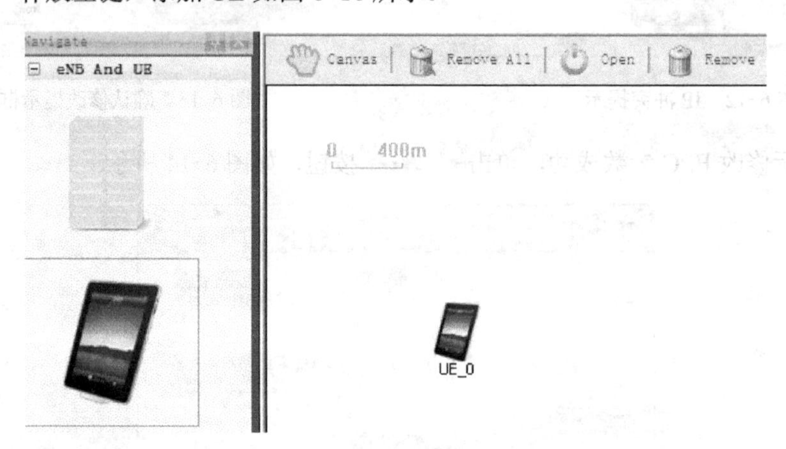

图 6-16　添加 UE

单击◉按钮选择 UE 模式，设置 IMSI，Speed，单击 OK 按钮，UE 模式如图 6-17 所示。

UE 有 TDD 和 FDD 模式可以选择。目前本地核心网只支持的 5 个 IMSI：460008888888001～460008888888005，默认为 460008888888001。默认 PLMN：46000。当前只支持添加一个 UE。UE Speed 默认为 Auto，参数 Person、Auto、Train 分别相当于

14km/h、72km/h、180km/h。

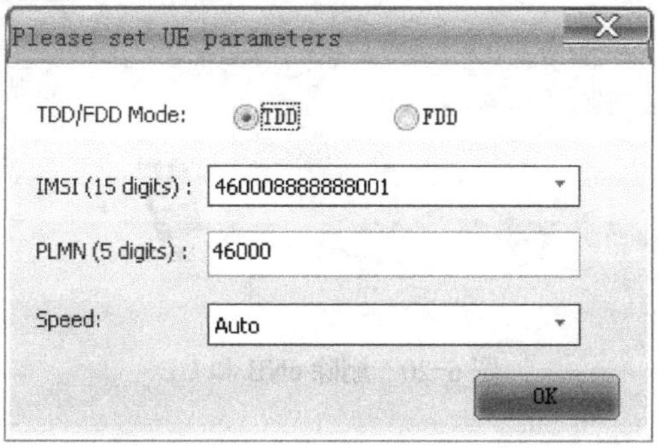

Please set UE parameters
TDD/FDD Mode:
TDD
FDD
IMSI (15 digits) :
460008888888001
PLMN (5 digits) :
46000
Speed:
Auto
OK

图 6-17　UE 模式

3．修改 UE

选中 UE，工具条中单击 Modify 按钮，修改 UF 的基本信息如图 6-18 所示。

Remove
Mark
Stop
Modify
Zoom +
Zoom -
Modify
Modify UE Paramerters
UE_0

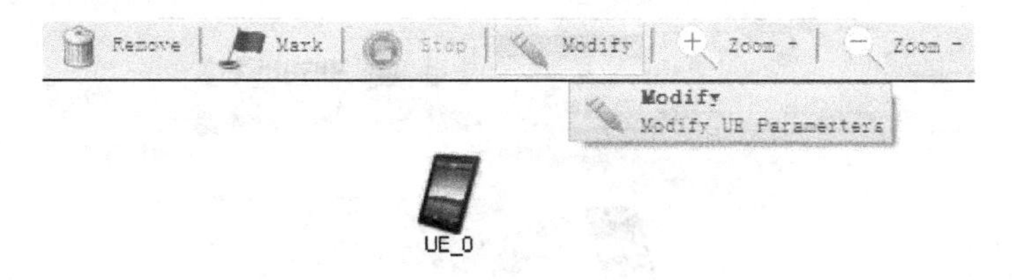

图 6-18　修改 UE 的基本信息

在打开的信息框中，修改 UE 的基本信息，如 Mode、IMSI、PLMN 和 Speed 等信息，修改基本信息框如图 6-19 所示。

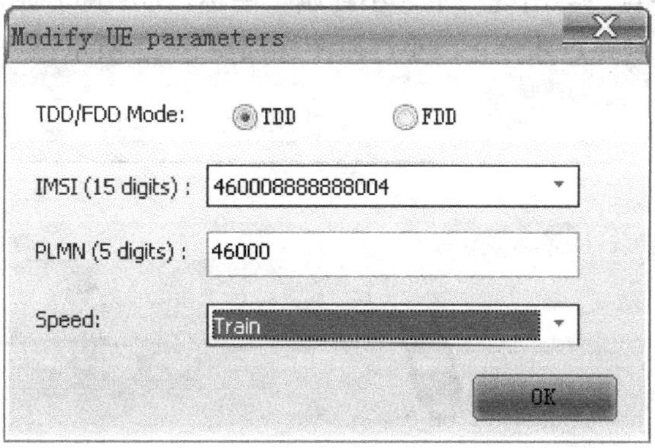

Modify UE parameters
TDD/FDD Mode:
TDD
FDD
IMSI (15 digits) :
460008888888004
PLMN (5 digits) :
46000
Speed:
Train
OK

图 6-19　修改基本信息框

单击 OK 按钮。UE 在开机状态下无法修改，需 UE 关机时才能修改。

4．删除 eNB 和 UE

选中 UE 或者 eNB 图标，工具条中单击 Remove 按钮，删除 eNB 和 UE 如图 6-20 所示。

在弹出的对话框中，选择 Yes 按钮确定删除操作，选择 No 按钮取消删除操作。UE 开机和 UE 界面打开时无法删除 UE。eNB 上电和 eNodeB Cubby 打开时无法删除 eNB。

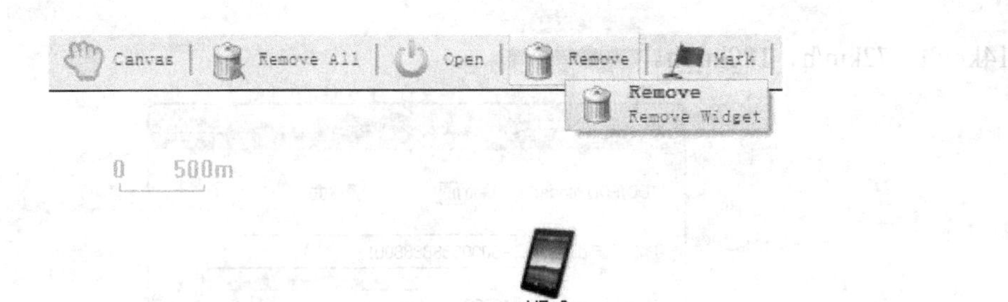

图 6-20　删除 eNB 和 UE

5．UE 移动

实现该步骤的前提条件是 UE 添加成功。左键选中 UE，工具条中单击 Mark 按钮，UE 移动如图 6-21 所示。

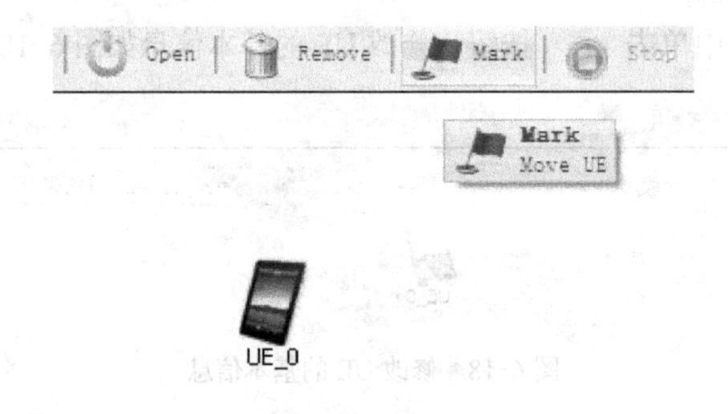

图 6-21　UE 移动

单击选择的移动终点，会出现一个“小红旗”图标，UE 即开始沿着起始点到终点之间的直线移动，直到移动到终点才停止，小红旗图标如图 6-22 所示。

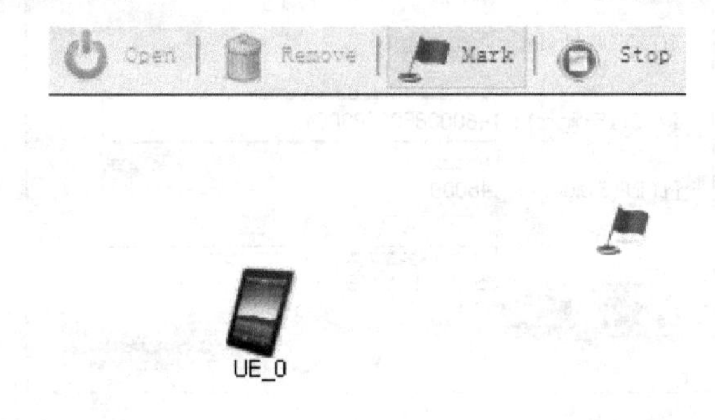

图 6-22　小红旗图标

移动的过程中，可以随时改变终点的位置，UE 也会随之改变移动的方向。UE 开始移动后，单击工具条上的 Stop 按钮，UE 立即停止移动。

6．画布拖动

当主界面中出现滚动条时可以单击工具条上的 Canvas 按钮来拖动画布。单击后光标会变成，再次单击该按钮时取消拖动画布功能，光标恢复正常。

7．设备拖动

eNB 以及所属 RRU、UE 可进行拖动，进行基站布局。操作方法：左键选中要拖动的设备，直接拖动，在目的点释放左键。eNB 拖动时，所属 RRU 会随之一起移动，但需要所建小区未激活的情况下才能进行。UE 拖动需要在 UE 关机状态下进行。

8．主界面缩放

主界面工具条中提供放大 和缩小 按钮对主界面进行缩放，方便不同显示器用户的使用。缩小方法是单击主界面工具条中的“缩小”按钮缩小主界面（比例尺 0～600m 为最小缩放比例），主界面缩小如图 6-23 所示。

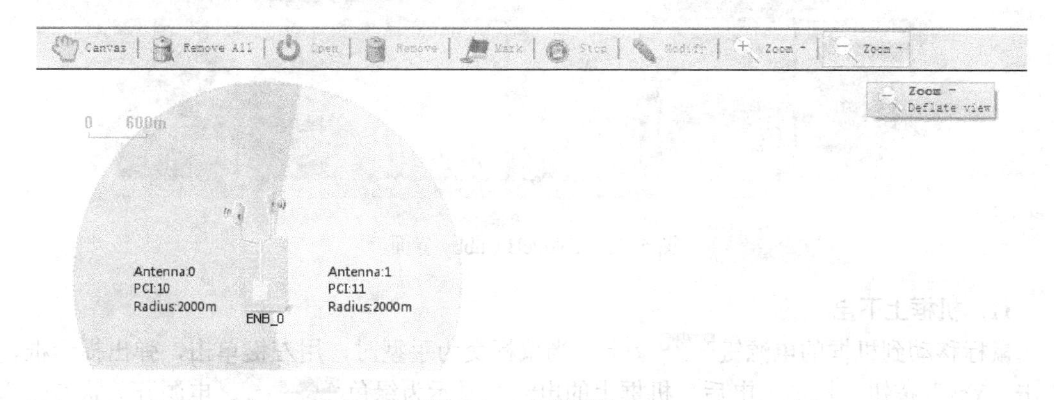

图 6-23　主界面缩小

放大方法是单击主界面工具条中的“放大”按钮放大主界面（比例尺 0～200m 为最大缩放比例），放大方法如图 6-24 所示。

图 6-24　放大方法

9．eNodeB 界面操作

操作如下：工程主界面中双击 eNB，或者选中 eNB 后，单击工具条上的 ，打开 eNodeB Cubby。

10．eNodeB 界面缩放

实现该步骤的前提条件是已添加 eNB 且已进入 eNodeB Cubby 界面。为保证在不同尺寸显示器下 eNodeB Cubby 配置界面能显示完全，在 eNodeB Cubby 中，提供 Small、Medium、Large 三个按钮对 eNB 配置界面的大小进行缩放。新创建工程时会按照更改后的比例进行显示。例如，选择 S：在 eNodeB Cubby 中单击 按钮，使 eNodeB Cubby 缩放到最小，如图 6-25 所示。

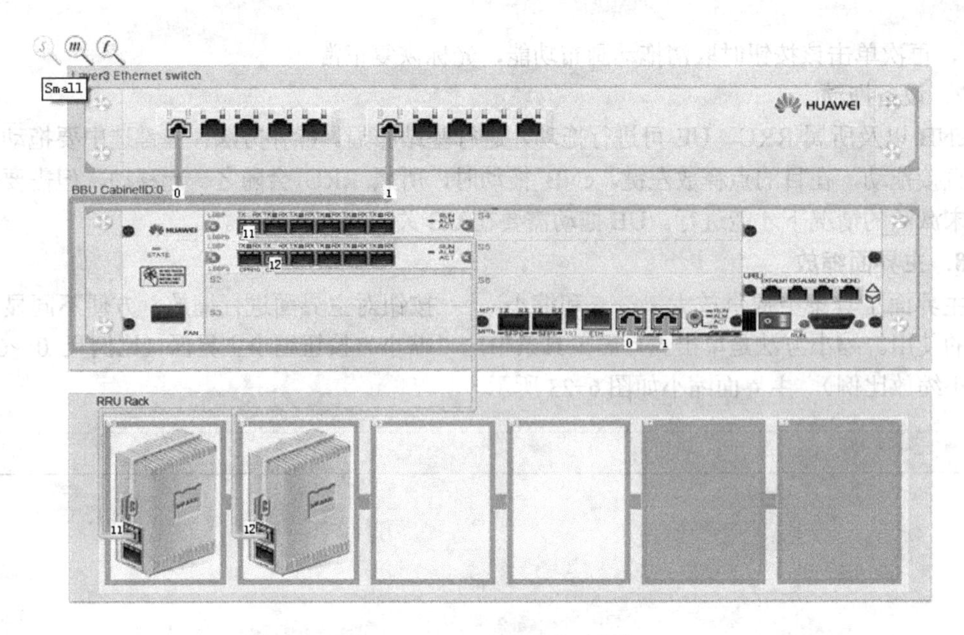

图 6-25　eNodeB Cubby 界面

11．机框上下电

鼠标移动到机框的电源键上，当鼠标变为手型时，用左键单击，弹出提示框，单击“Yes”按钮。机框上电后，机框上的电源灯显示为绿色，电源开关状态变为上电状态。对机框上下电与单板的操作并无严格的先后顺序，所以可先上电再添加单板或者先添加单板再上电，都属于正常操作。再次单击“开关机”按钮时，弹出提示框，单击“Yes”按钮，机框下电成功。

12．添加主控板和基带版

BBU 中共有八个槽位号 S0～S7，槽位 S0～S5 只能插基带板即 eNodeB Cubby 中的 LBBP，S6、S7 号槽只能插主控板即 eNodeB Cubby 中的 LMPT。选中左侧菜单栏中的 LMPT 或者 LBBP 图标，左键单击后不放，移动鼠标到机框中对应的槽位上，释放左键。查看 BBU Cabinet 中单板已添加完成。添加主控极和基带版如图 6-26 所示。

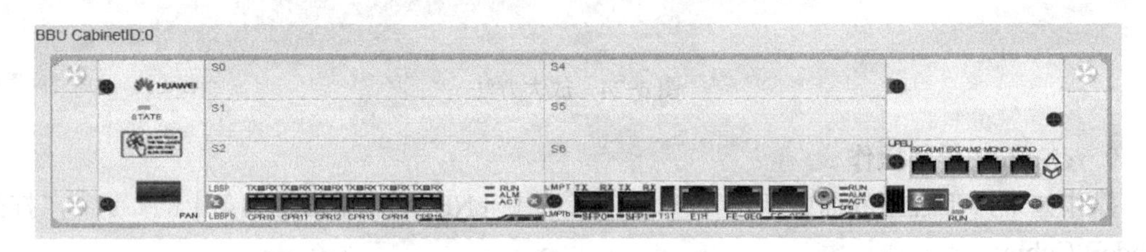

图 6-26　添加主控板和基带版

13．删除主控板和基带版

实现该步骤的前提条件是添加主控板和基带版已成功。在主控板或者基带版的空白处右击，选择 Draw Out Board。删除主控板和基带版如图 6-27 所示。

弹出的对话框中，单击 Yes 按钮拔出并删除单板，单击 No 按钮取消操作。在主控板上添加有网线的时候，需先删除网线。在基带版上添加有光纤线的时候，需先删除光纤线。

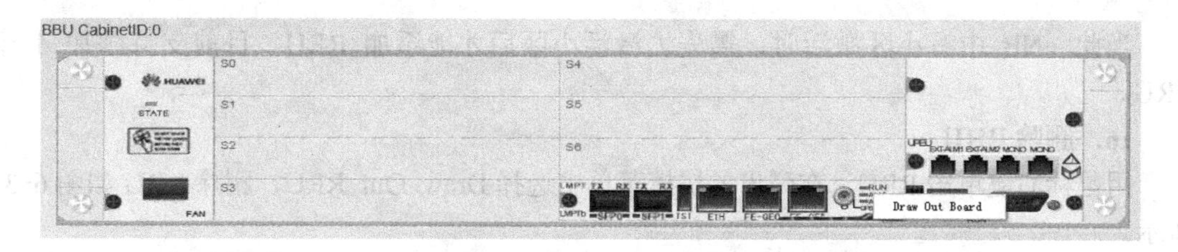

图 6-27　删除主控板和基带版

14．添加 RRU

选中左侧菜单栏中的 RRU 图标（分为 TDD 和 FDD），如图 6-28 所示，用左键单击后不放，移动鼠标到 RRU 机架上任意一个位置，释放左键。

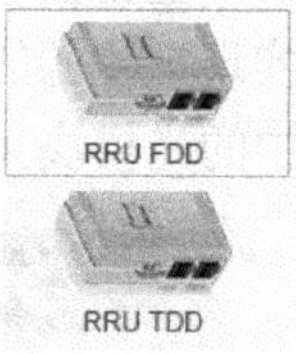

RRU FDD

RRU TDD

图 6-28　RRU 图标

15．查看 RRU 添加情况以及天线情况

添加 RRU 后，会同时在主界面 eNB 的上侧生成对应的天线，查看 RRU 添加情况以及天线情况，如图 6-29 所示。

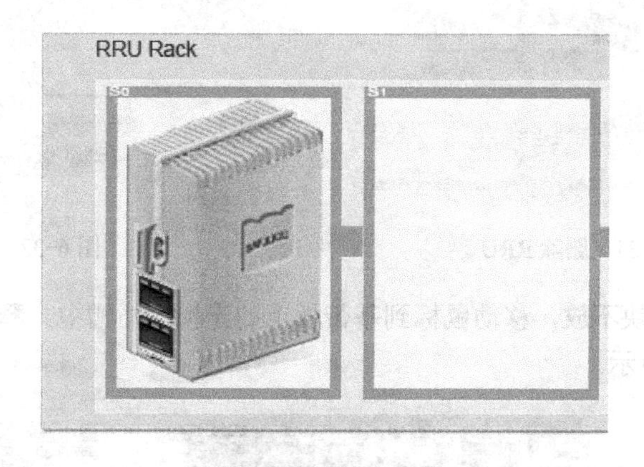

图 6-29　添加 RRU

主界面中的天线情况，如图 6-30 所示。

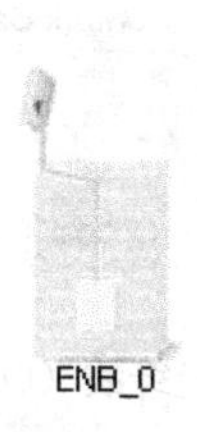

图 6-30　主界面中的天线情况

当此 eNB 中有小区激活时，需先去激活小区后才能添加 RRU。目前支持添加 4 个 RRU。

16．删除 RRU

用鼠标右键单击 RRU，在弹出的快捷菜单中选择 Draw Out RRU，删除 RRU 如图 6-31 所示。

在弹出的对话框中，选择 Yes 按钮删除 RRU，选择 No 按钮取消操作。删除 RRU 时，会同时删除主界面中对应的天线。当 RRU 上连有光纤线时无法删除。

17．基带板与 RRU 连线

实现该步骤的前提条件是基带板与 RRU 添加完成。基带板上添加光模块：选中左侧菜单栏中的光模块（OpticalModule）图标，光模块如图 6-32 所示。

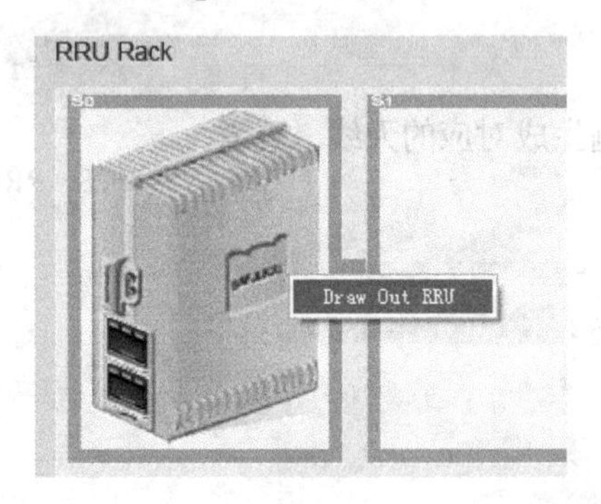

图 6-31　删除 RRU

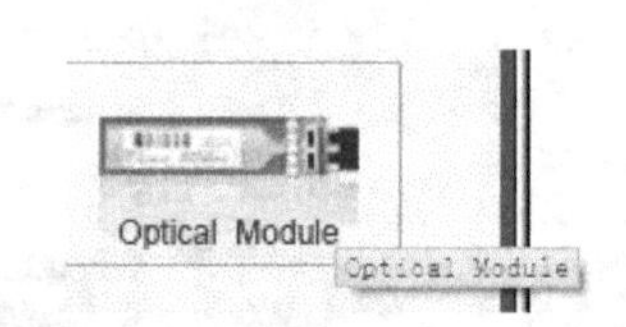

图 6-32　光模块

用左键单击光模块不放，移动鼠标到基带板上的光模块插槽中，释放左键，基带板上添加光模块如图 6-33 所示。

图 6-33　基带板上添加光模块

RRU 上添加光模块，添加方法与基带板上添加光模块相同。

连线需要单击左侧菜单栏中的“光纤线（Optical Cable）”图标，如图 6-34 所示。

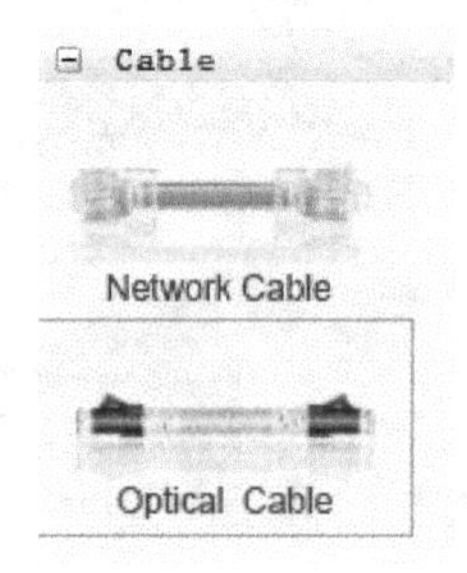

图 6-34　光纤线（Optical Cable）图标

用左键单击基带板上要连线的光模块，选中要连线的光模块口，如图 6-35 所示。

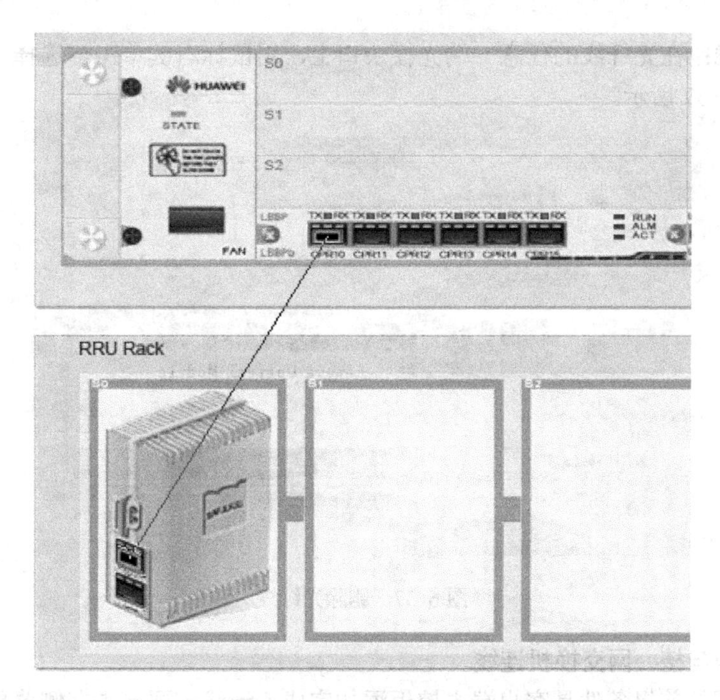

图 6-35　连线的光模块口

移动鼠标，会有一条线随着鼠标移动，移动到 RRU 上要连线的光模块口上时，单击左键，连线完成。左键单击非光模块口时，取消此次连线。查看连线情况，如图 6-36 所示。

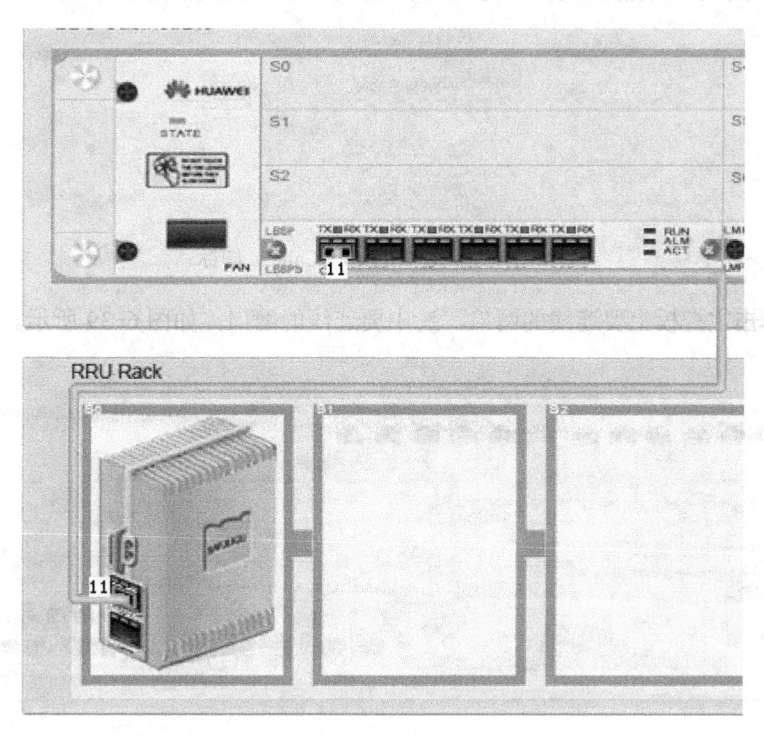

图 6-36　查看连线情况

删除光纤线：在光纤线的任意一端光模块口上，用鼠标右键单击，选择 Disconnect，删除光纤线如图 6-37 所示。

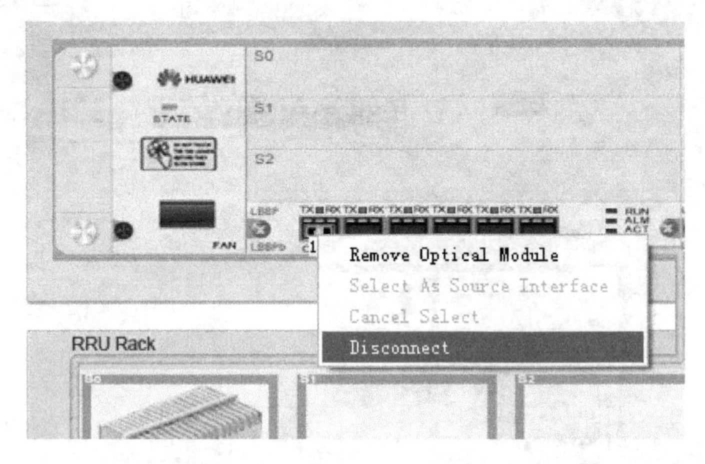

图 6-37　删除光纤线

18．主控板与核心网交换机连线

实现该步骤的前提条件是客户端主控板添加完成。连线需要单击左侧菜单栏中的“网线（Network Cable）”图标，如图 6-38 所示。

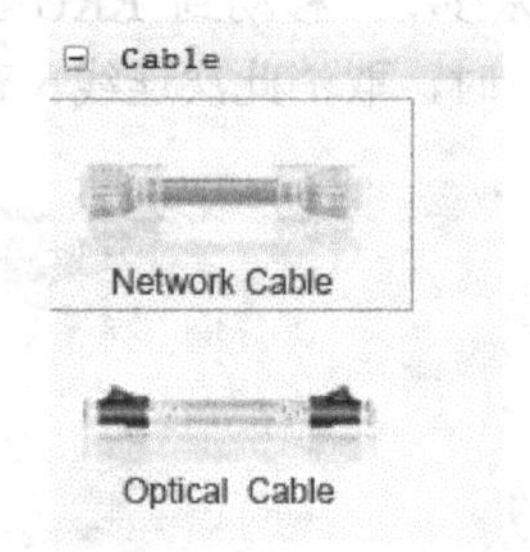

图 6-38　网线（Network Cable）图标

用左键单击主控板上要连线的网口，选中要连线的网口，如图 6-39 所示。

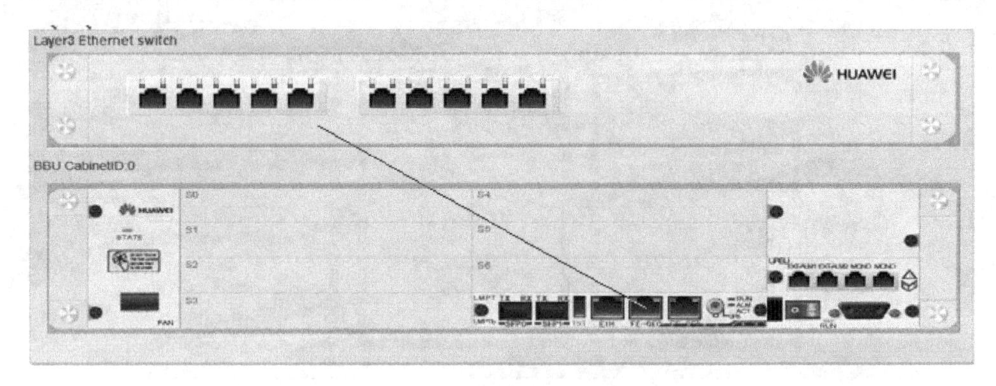

图 6-39　连线的网口

移动鼠标，会有一条线随着鼠标移动，移动到交换机上要连线的网口上时，用左键单击完成连线。在 Web LMT 配置的以太网端口号必须与此处主控板选择的以太网端口保持一致。Layer3 Ethernet Switch 上的任意端口均可用。查看添加后的情况，主控板与核心网交换机连线如图 6-40 所示。

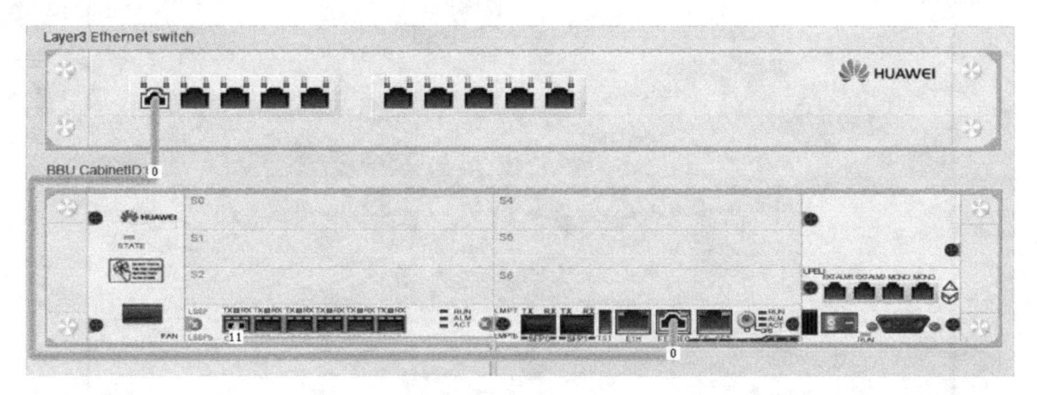

图 6-40　主控板与核心网交换机连线

删除网线：在网线的任意一端网口上，用鼠标右键单击，选择 Disconnect，删除网线如图 6-41 所示。

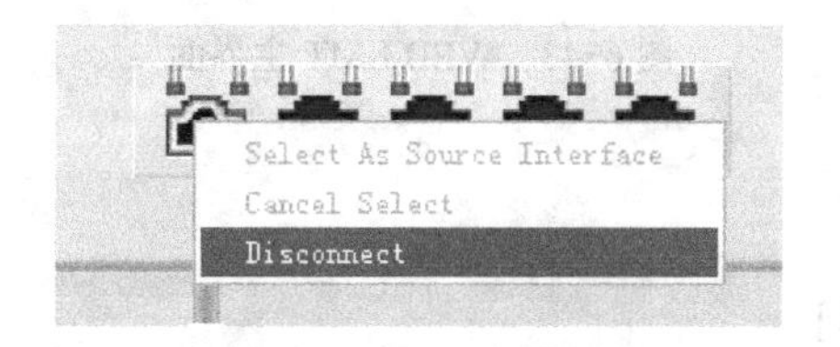

图 6-41　删除网线

19. 查询主控板维护 IP 并访问 Web LMT

在客户端可以查询到主控板维护 IP，用户可根据此 IP 访问 Web LMT，对单板进行维护操作。主控板上电后，直接移动鼠标到主控板的维护（ETH）网口上，系统自动显示维护 IP，如图 6-42 所示。

图 6-42　主控板的维护（ETH）网口

eNodeB Cubby 界面中 eNB_0 中默认的主控板维护 IP 为：192.168.0.200。

eNodeB Cubby 界面中 eNB_1 中默认的主控板维护 IP 为：192.169.0.200。

在配置中，如果框号或者框号错误会导致 Web LMT 访问失败。

浏览器中输入查询到的主控板维护 IP，如：IP 为 192.168.0.200，则浏览器地址栏中输入 http://192.168.0.200 ，用户名：admin，密码：hwbs@com，登录 Web LMT，可登录成功。

WEB LMT 主界面，如图 6-43 所示。

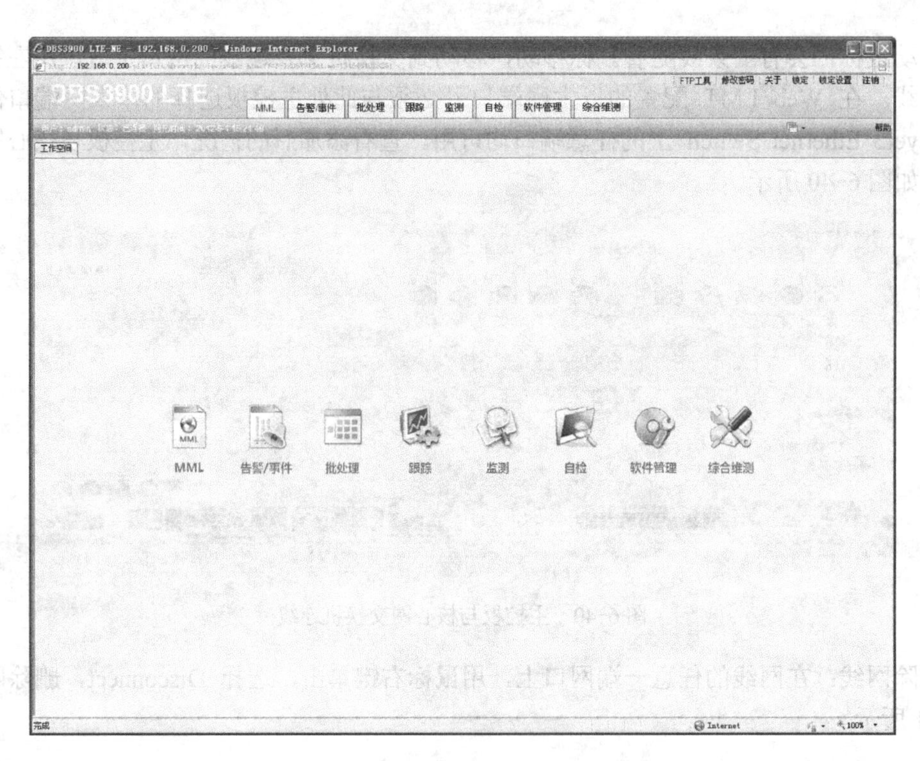

图 6-43　WEB LMT 主界面

6.4.6　UE 界面操作

1．UE 开机并自动入网

实现该步骤的前提条件是小区配置完成，且状态正常。工程主界面中，UE 添加成功；用鼠标双击 UE 或者选中 UE，单击工具条中的 Open 按钮，打开 UE 操作界面，如图 6-44 所示。

图 6-44　UE 操作界面

移动鼠标光标到 UE 的电源按钮上，单击按钮，UE 开机。开机成功后，UE 改为开机状态（显示屏亮），如图 6-45 所示。

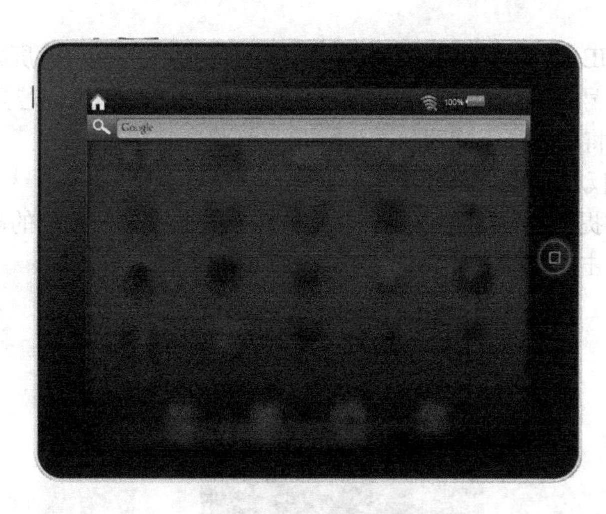

图 6-45 UE 开机状态

入网成功后，查看 UE 入网状态。在 WEB LMT 跟踪项下查看 UE 入网消息，UU 口跟踪消息，如图 6-46 所示。

RRC_CONN_REQ	RECEIVE	0	1792	0	04 54 0B 8B 5C 20 26
RRC_CONN_SETUP	SEND	0	1792	0	03 68 12 98 08 FD 4E 0...
RRC_CONN_SETUP_CMP	RECEIVE	0	1792	0	02 22 00 40 0E 82 E2 1...
RRC_UE_CAP_ENQUIRY	SEND	0	1792	0	01 3C 10 04 8D 00
RRC_UE_CAP_INFO	RECEIVE	0	1792	0	02 3C 01 00 EC 5B E0 4...
RRC_SECUR_MODE_CMD	SEND	0	1792	0	01 36 00 00
RRC_SECUR_MODE_CMP	RECEIVE	0	1792	0	02 2E 00
RRC_CONN_RECFG	SEND	0	1792	0	01 20 06 02 B8 3A 10 0...
RRC_CONN_RECFG_CMP	RECEIVE	0	1792	0	02 10 00
RRC_CONN_RECFG	SEND	0	1792	0	01 22 10 15 A8 00 14 4...
RRC_UL_INFO_TRANSF	RECEIVE	0	1792	0	02 48 00 E0 E8 60 00 6...
RRC_CONN_RECFG_CMP	RECEIVE	0	1792	0	02 12 00
RRC_CONN_RECFG	SEND	0	1792	0	01 24 06 00 DB 10 06 2...
RRC_CONN_RECFG_CMP	RECEIVE	0	1792	0	02 14 00
RRC_UL_INFO_TRANSF	RECEIVE	0	1792	0	02 48 00 6C 40 18 C0

图 6-46 UU 口跟踪消息

S1 跟踪消息，如图 6-47 所示。

S1AP_INITIAL_UE_MSG	SEND	0	00 0C 40 49 00 00 05 00 08 00 02 00 00 ...
S1AP_INITIAL_CONTEXT...	RECEIVE	0	00 09 00 80 B7 00 00 06 00 00 00 02 00 ...
S1AP_UE_CAPABILITY_I...	SEND	0	00 16 40 27 00 00 03 00 00 00 02 00 04 ...
S1AP_INITIAL_CONTEXT...	SEND	0	20 09 00 22 00 00 03 00 00 40 02 00 04 ...
S1AP_UL_NAS_TRANS	SEND	0	00 0D 40 31 00 00 05 00 00 00 02 00 04 ...
S1AP_ERAB_SETUP_REQ	RECEIVE	0	00 05 00 4E 00 00 04 00 00 00 02 00 04 ...
S1AP_ERAB_SETUP_RSP	SEND	0	20 05 00 22 00 00 03 00 00 40 02 00 04 ...
S1AP_UL_NAS_TRANS	SEND	0	00 0D 40 2D 00 00 05 00 00 00 02 00 04 ...

图 6-47 S1 跟踪消息

开机后，等待 UE 配置完成后（大概半分钟）会自动发起接入，屏幕上有信号指示灯闪烁，接入成功后，信号指示灯显示为入网状态，信号灯不再闪烁。若当前 UE 所在位置不满足 UE 入网要求，将一直处于搜网状态，信号灯将一直闪烁。

2．UE 关机并自动退网

实现该步骤的前提条件是 UE 已处于开机状态。鼠标移动到 UE 的电源键上，当鼠标变为手型时，用左键单击电源按钮，UF 关机如图 6-48 所示。

图 6-48　UE 关机

关机成功后，UE 改为关机状态（显示屏变暗）。查看 UE 退网状态，在 WEB LMT 跟踪项下查看 UE 退网消息，UU 口跟踪消息，如图 6-49 所示。

16	2011-10-31 19:23:22(00)	RRC_UL_INFO_TRANSF	RECEIVE	0	1792	0	02 48 01 E0 E8 AF 21 7...
17	2011-10-31 19:23:22(00)	RRC_DL_INFO_TRANSF	SEND	0	1792	0	01 0C 00 10 3A 30
18	2011-10-31 19:23:22(00)	RRC_CONN_REL	SEND	0	1792	0	01 2E 02

图 6-49　UU 口跟踪消息

S1 跟踪消息，如图 6-50 所示。

S1AP_UL_NAS_TRANS	SEND	0	00 0D 40 39 00 00 05 00 00 00 02 00 04 ...
S1AP_DL_NAS_TRANS	RECEIVE	0	00 0B 40 16 00 00 03 00 00 00 02 00 04 ...
S1AP_UE_CONTEXT_REL_CMD	RECEIVE	0	00 17 00 10 00 00 02 00 63 00 04 00 04 ...
S1AP_UE_CONTEXT_REL_CMP	SEND	0	20 17 00 0F 00 00 02 00 00 40 02 00 04 ...

图 6-50　S1 跟踪消息

6.4.7　LTE 基本单站配置

在本配置中，只添加一个基站，建立一个小区，考虑网络为 TD-LTE 网络，实现 LTE 基本单站配置。

1．硬件环境

eNodeB Cubby 中已添加主控板，基带版，RRU 且连线完成，机框上电，单站配置文件环境如图 6-51 所示。

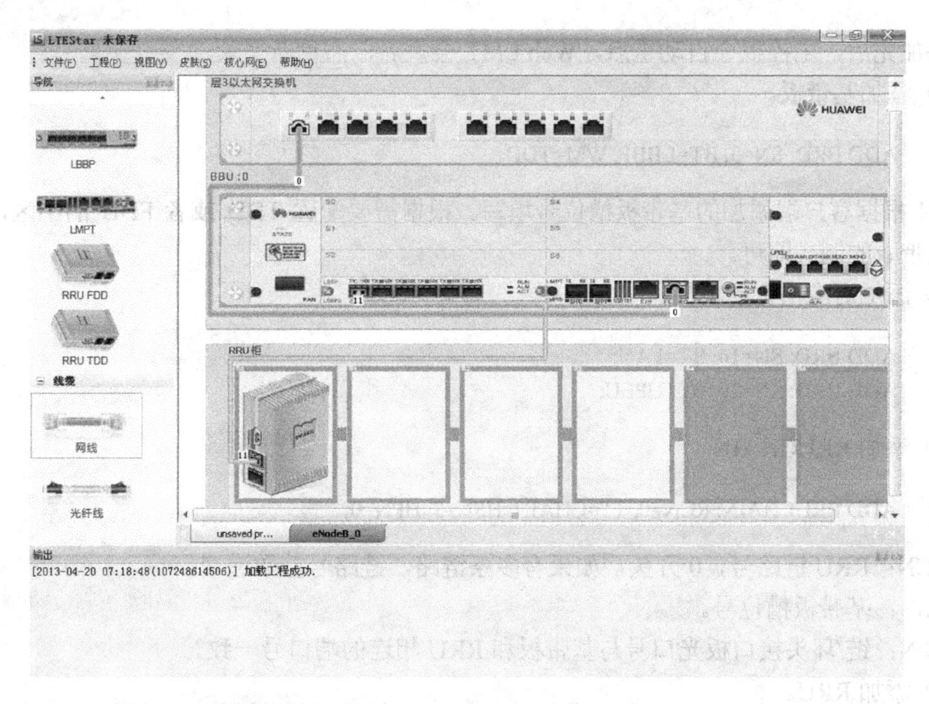

图 6-51　单站配置硬件环境

2．全局及硬件配置

登录 Web LMT，用户名：admin，密码：hwbs@com。

1）修改基站标识。

MOD ENODEB: ENODEBID=0, ENBTYPE=DBS3900_LTE, AUTOPOWEROFFSWITCH=Off, GCDF=DEG, PROTOCOL=CPRI;

2）添加运营商信息。

ADD CNOPERATOR: CnOperatorId=0, CnOperatorName="cmcc", CnOperatorType=CNOPERATOR_PRIMARY, Mcc="460", Mnc="00";

移动网络码与基站一致，为"00"。

3）添加跟踪区域信息。

ADD CNOPERATORTA: TrackingAreaId=0, CnOperatorId=0, Tac=0;

4）在 Web LMT 输入命令添加机柜、机框。

ADD CABINET: CN=0, TYPE=VIRTUAL;
ADD SUBRACK: CN=0, SRN=0, TYPE=BBU3900;

eNB_0 的柜号固定为 0，若配置错误将导致主控板一直重启 Web LMT 无法正常登录，需重新拔插主控板。

5）添加主控板，槽位号为插入主控板的槽位号，如槽位 7。

ADD BRD: CN=0, SRN=0, SN=7, BT=LMPT;

添加完后，主控板会自动重启，Web LMT 会重启，需重新登录。

6）添加基带板。

```
ADD BRD: SN=3, BT=LBBP, WM=TDD;
```

SN 根据客户端添加的基带板槽位号填写。根据需要配置 TDD 或者 FDD 的小区，添加对应基带版的制式即可。

7）添加对应槽位的单板。

```
ADD BRD: SN=16, BT=FAN;
ADD BRD: SN=19, BT=UPEU;
```

8）添加 RRUCHAIN。

```
ADD RRUCHAIN: RCN=0, TT=CHAIN, HSN=3, HPN=0;
```

RCN：RRU 链路号，0 开头，如果有多条链路，链路号整数递增。

HSN：基带板槽位号。

HPN：链/环头接口板光口号与基带板和 RRU 相连的端口号一致。

9）添加 RRU。

```
ADD RRU: CN=0, SRN=62, SN=0, RCN=0, PS=0, RT=LRRU, RS=TDL, RXNUM=2, TXNUM=2;
```

制式与客户端添加的 RRU 制式相同。RRU 制式需和基带版制式相同。eNodeB Cubby 中添加的 RRU 制式需和单板制式相同。

3. 传输配置

1）关闭远端维护通道自动建立开关。

```
SET DHCPSW: SWITCH=DISABLE;
```

如果 DHCP 开关不关，会影响很多功能不可用，所以需要此关闭操作。

2）添加以太网端口。

```
ADD ETHPORT: SN=7, SBT=BASE_BOARD, PA=COPPER, SPEED=AUTO, DUPLEX=AUTO;
```

3）添加设备 IP。

```
ADD DEVIP: SN=7, SBT=BASE_BOARD, PT=ETH, PN=0, IP="11.64.16.2", MASK="255.255.0.0";
```

为了支持 SCTP 链路协议，所以核心网进行了相应的处理，此处的 DEVIP 需和 EPC 配置界面中的 DST IP 相同。添加 DEVIP 时的端口号需和 eNodeB Cubby 中主控板和交换机连接的 FE_GE 口一致。FE_GE0 对应端口号 0，FE_GE1 对应端口号 1。

4）添加 SCTP 链路。

```
ADD SCTPLNK: SCTPNO=0, SN=7, LOCIP="11.64.16.2", LOCPORT=16705, PEERIP="11.64.15.2",
PEERPORT=16448, AUTOSWITCH=ENABLE;
```

为了支持 SCTP 链路协议，此处的 LOCIP 为上一步添加的 DEVIP。此处配置参数非默认配置 IP 和端口号，需在 EPC 界面中做对应的修改，小区才能正常激活。

5）添加 S1 端口。

```
ADD S1INTERFACE: S1InterfaceId=0, S1SctpLinkId=0, CnOperatorId=0;
```

6）添加 IPPATH。

```
ADD IPPATH: PATHID=0, SN=7, SBT=BASE_BOARD, PT=ETH, JNRSCGRP=DISABLE, LOCALIP="11.64.16.2", PEERIP="10.148.43.48", ANI=0, APPTYPE=S1, PATHTYPE=ANY;
```

LOCALIP 为 DEVIP 中配置的 IP。若 PEERIP 非默认配置 IP，需在 EPC 界面中做对应的修改 Transport IP，UE 才能正常入网。添加 DEVIP 时的端口号需和 eNodeB Cubby 中主控板和交换机连接的 FE_GE 口一致。FE_GE0 对应端口号 0，FE_GE1 对应端口号 1。

4．无线配置

1）添加扇区。

```
ADD SECTOR: SECN=0, GCDF=DEG, LONGITUDE=1, LATITUDE=1, SECM=NormalMIMO, ANTM=2T2R, COMBM=COMBTYPE_SINGLE_RRU, CN1=0, SRN1=62, SN1=0, PN1=R0A, CN2=0, SRN2=62, SN2=0, PN2=R0B, ALTITUDE=10;
```

2）添加小区。

TDD 制式：

```
ADD CELL: LocalCellId=0, CellName="111", SectorId=0, FreqBand=40, UlEarfcnCfgInd=NOT_CFG, DlEarfcn=38750, UlBandWidth=CELL_BW_N100, DlBandWidth=CELL_BW_N100, CellId=0, PhyCellId=0, FddTddInd=CELL_TDD, SubframeAssignment=SA2, SpecialSubframePatterns=SSP5, RootSequenceIdx=0, PreambleFmt=0, CustomizedBandWidthCfgInd=NOT_CFG, EmergencyAreaIdCfgInd=NOT_CFG, UePowerMaxCfgInd=NOT_CFG, MultiRruCellFlag=BOOLEAN_FALSE;
```

小区制式和基带版制式相同。

3）添加小区运营商信息。

```
ADD CELLOP: LocalCellId=0, TrackingAreaId=0;
```

4）激活小区。

```
ACT CELL: LocalCellId=0;
```

5．开通验证

可通过信令跟踪及设备验证，这里介绍设备验证，打开终端设备，检查网络信号，若几分钟后信号稳定连接网络，说明配置正确，如图 6-52 所示。

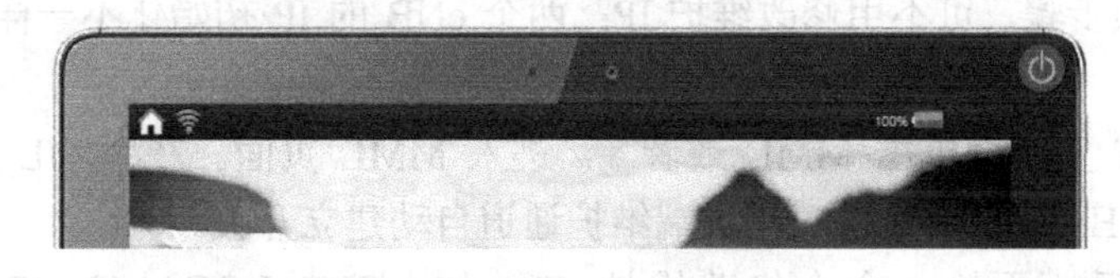

图 6-52　设备验证

下面给出 LTE 基本单站配置的完整配置脚本：

MOD ENODEB: ENODEBID=0, ENBTYPE=DBS3900_LTE, AUTOPOWEROFFSWITCH=Off, GCDF=DEG, PROTOCOL=CPRI;

ADD CNOPERATOR: CnOperatorId=0, CnOperatorName="cmcc", CnOperatorType=CNOPERATOR_PRIMARY, Mcc="460", Mnc="00";

ADD CNOPERATORTA: TrackingAreaId=0, CnOperatorId=0, Tac=100;

ADD CABINET: CN=0, TYPE=VIRTUAL;

ADD SUBRACK: CN=0, SRN=0, TYPE=BBU3900;

ADD BRD: SN=7, BT=LMPT;

ADD BRD: SN=3, BT=LBBP, WM=TDD;

ADD BRD: SN=16, BT=FAN;

ADD BRD: SN=19, BT=UPEU;

ADD RRUCHAIN: RCN=0, TT=CHAIN, HSN=3, HPN=0;

ADD RRU: CN=0, SRN=62, SN=0, RCN=0, PS=0, RT=LRRU, RS=TDL, RXNUM=2, TXNUM=2;

SET DHCPSW: SWITCH=DISABLE;

ADD ETHPORT: SN=7, SBT=BASE_BOARD, PA=COPPER, SPEED=AUTO, DUPLEX=AUTO;

ADD DEVIP: SN=7, SBT=BASE_BOARD, PT=ETH, PN=0, IP="11.64.16.2", MASK="255.255.0.0";

ADD SCTPLNK: SCTPNO=0, SN=7, LOCIP="11.64.16.2", LOCPORT=16705, PEERIP="11.64.15.2", PEERPORT=16448, AUTOSWITCH=ENABLE;

ADD S1INTERFACE: S1InterfaceId=0, S1SctpLinkId=0, CnOperatorId=0;

ADD IPPATH: PATHID=0, SN=7, SBT=BASE_BOARD, PT=ETH, JNRSCGRP=DISABLE, LOCALIP="11.64.16.2", PEERIP="10.148.43.48", ANI=0, APPTYPE=S1, PATHTYPE=ANY;

ADD SECTOR: SECN=0, GCDF=DEG, LONGITUDE=1, LATITUDE=1, SECM=NormalMIMO, ANTM=2T2R, COMBM=COMBTYPE_SINGLE_RRU, CN1=0, SRN1=62, SN1=0, PN1=R0A, CN2=0, SRN2=62, SN2=0, PN2=R0B, ALTITUDE=10;

ADD CELL: LocalCellId=0, CellName="111", SectorId=0, FreqBand=40, UlEarfcnCfgInd=NOT_CFG, DlEarfcn=38750, UlBandWidth=CELL_BW_N100, DlBandWidth=CELL_BW_N100, CellId=0, PhyCellId=0, FddTddInd=CELL_TDD, SubframeAssignment=SA2, SpecialSubframePatterns=SSP5, RootSequenceIdx=0, PreambleFmt=0, CustomizedBandWidthCfgInd=NOT_CFG, EmergencyAreaIdCfgInd=NOT_CFG, UePowerMaxCfgInd=NOT_CFG, MultiRruCellFlag=BOOLEAN_FALSE;

ADD CELLOP: LocalCellId=0, TrackingAreaId=0;

ACT CELL: LocalCellId=0;

6.4.8 LTEstar 两基站配置

硬件环境要求 eNodeB Cubby 中已添加主控板，基带版，RRU 且连线完成，机框上电。登录 Web LMT，用户名：admin，密码：hwbs@com。

1．修改主控板维护 IP

此步骤非必须步骤，可不用修改维护 IP；两个 eNB 的 IP 初始化不一样，可分别用不同 IP 同时登录。

在 Web LMT 主界面单击 MML 或者，进入 MML 页面。在 MML 中输入命令 SET DHCPSW: SWITCH=DISABLE；关闭远端维护通道自动建立开关。

等待 1 分钟后，再输入命令修改维护 IP，如：SET LOCALIP: IP="192.168.11.51", MASK="255.255.255.0"。

执行成功后，即可重新用修改后的维护 IP 登录 Web LMT，在界面主控板上的 ETH 口 IP 也将修改为 192.168.11.51。

2．全局及硬件配置

1）修改基站标识。

```
eNB_0:
MOD ENODEB: ENODEBID=0;
eNB_1:
MOD ENODEB: ENODEBID=1;
```

eNB_1 的 ENODEBID 需重启基站后才能生效。

2）添加运营商信息。

```
ADD CNOPERATOR: CnOperatorId=0, CnOperatorName="0", CnOperatorType=CNOPERATOR_PRIMARY, Mcc="460", Mnc="00";
```

移动网络码与基站一致，为“00”。

3）添加跟踪区域信息。

```
ADD CNOPERATORTA: TrackingAreaId=0, CnOperatorId=0, Tac=0;
```

4）在 Web LMT 输入命令添加机柜、机框。分别在两个设备 eNB_0 和 eNB_1 上配置如下。

```
eNB_0:
ADD CABINET: CN=0, TYPE=VIRTUAL;
ADD SUBRACK: CN=0, SRN=0, TYPE=BBU3900;
eNB_1:
ADD CABINET: CN=1, TYPE=VIRTUAL;
ADD SUBRACK: CN=1, SRN=0, TYPE=BBU3900;
```

eNB_0 的柜号固定为 0，eNB1 的柜号固定为 1，若配置错误将导致主控板一直重启 Web LMT 无法正常登录，需重新拔插主控板。

5）添加主控板，槽位号为插入主控板的槽位号，如槽位 7。

```
eNB_0:
ADD BRD: CN=0, SRN=0, SN=7, BT=LMPT;
eNB_1:
ADD BRD: CN=1, SRN=0, SN=7, BT=LMPT;
```

添加完后，主控板会自动重启，Web LMT 会重启，需重新登录。

6）添加基带板。

eNB_0:

TDD 制式：ADD BRD: CN=0, SRN=0, SN=*, BT=LBBP, WM=TDD;

FDD 制式：ADD BRD: CN=0, SRN=0, SN=*, BT=LBBP, WM=FDD;

eNB_1:

TDD 制式：ADD BRD: CN=1, SRN=0, SN=*, BT=LBBP, WM=TDD;

FDD 制式：ADD BRD: CN=1, SRN=0, SN=*, BT=LBBP, WM=FDD;

SN 根据客户端添加的基带板槽位号填写。根据需要配置 TDD 或者 FDD 的小区，添加对应基带版的制式即可。

7）添加对应槽位的单板。

```
ADD BRD: SN=16, BT=FAN;
ADD BRD: SN=19, BT=UPEU;
```

8）添加 RRUCHAIN。

```
eNB_0:
ADD RRUCHAIN: RCN=*, TT=CHAIN, HCN=0, HSRN=0, HSN=*, HPN=*;
eNB_1:
ADD RRUCHAIN: RCN=*, TT=CHAIN, HCN=1, HSRN=0, HSN=*, HPN=*;
```

RCN：RRU 链路号，0 开头，如果有多条链路，链路号整数递增。

HSN：基带板槽位号。

HPN：链/环头接口板光口号与基带板和 RRU 相连的端口号一致。

9）添加 RRU。

TDD 制式：

```
ADD RRU: CN=0, SRN=60, SN=0, RCN=0, PS=0, RT=LRRU, RS=TDL, RN="0", RXNUM=2, TXNUM=2;
```

FDD 制式：

```
ADD RRU: CN=0, SRN=60, SN=0, RCN=0, PS=0, RT=LRRU, RS=LO, RN="0", RXNUM=2, TXNUM=2;
```

制式与客户端添加的 RRU 制式相同。RRU 制式需和基带版制式相同。eNodeB Cubby 中添加的 RRU 制式需和单板制式相同。

3．传输配置

1）关闭远端维护通道自动建立开关。

```
SET DHCPSW: SWITCH=DISABLE;
```

如果 DHCP 开关不关，会影响很多功能不可用，所以需要此关闭操作。

2）添加以太网端口。

```
eNB_0:
ADD ETHPORT: SN=7, SBT=BASE_BOARD, PA=COPPER, SPEED=AUTO, DUPLEX=AUTO;
eNB_1:
ADD ETHPORT: SN=7, SBT=BASE_BOARD, PA=COPPER, SPEED=AUTO, DUPLEX=AUTO;
```

3）添加设备 IP。

```
eNB_0:
ADD DEVIP: SN=7, SBT=BASE_BOARD, PT=ETH, PN=0, IP="11.64.16.0", MASK="255.255.0.0";
```

eNB_1:

ADD DEVIP: CN=1, SRN=0, SN=7, SBT=BASE_BOARD, PT=ETH, PN=0, IP="11.66.16.0", MASK="255.255.0.0";

为了支持 SCTP 链路协议，所以核心网进行了相应的处理，此处的 DEVIP 需和 EPC 配置界面中的 DST IP 相同。添加 DEVIP 时的端口号需和 eNodeB Cubby 中主控板和交换机连接的 FE_GE 口一致。FE_GE0 对应端口号 0，FE_GE1 对应端口号 1。.

4）添加 SCTP 链路。

eNB_0:

ADD SCTPLNK: SCTPNO=0, SN=7, LOCIP="11.64.16.0", LOCPORT=16705, PEERIP="11.64.15.0 ", PEERPORT=16448, AUTOSWITCH=ENABLE;

eNB_1:

ADD SCTPLNK: SCTPNO=0, CN=1, SRN=0, SN=7, LOCIP="11.66.16.0", LOCPORT=16705, PEERIP="11.66.15.0", PEERPORT=16448, AUTOSWITCH=ENABLE;

为了支持 SCTP 链路协议，此处的 LOCIP 为上一步添加的 DEVIP。若此处配置参数非默认配置 IP 和端口号，需在 EPC 界面中做对应的修改，小区才能正常激活。

5）添加 IPPATH。

eNB_0:

ADD IPPATH: PATHID=0, SN=7, SBT=BASE_BOARD, PT=ETH, JNRSCGRP=DISABLE, LOCALIP="11.64.16.0", PEERIP="10.148.43.48", ANI=0, APPTYPE=S1, PATHTYPE=ANY;

eNB_1:

ADD IPPATH: PATHID=0, CN=1, SRN=0, SN=7, SBT=BASE_BOARD, PT=ETH, JNRSCGRP=DISABLE, LOCALIP="11.66.16.0", PEERIP="10.148.43.48", ANI=0, APPTYPE=S1, PATHTYPE=ANY;

LOCALIP 为 DEVIP 中配置的 IP。若 PEERIP 非默认配置 IP，需在 EPC 界面中做对应的修改 Transport IP，UE 才能正常入网。添加 DEVIP 时的端口号需和 eNodeB Cubby 中主控板和交换机连接的 FE_GE 口一致。FE_GE0 对应端口号 0，FE_GE1 对应端口号 1。

6）添加 S1 端口。

ADD S1INTERFACE: S1InterfaceId=0, S1SctpLinkId=0, CnOperatorId=0;

4．无线配置

1）添加扇区。

ADD SECTOR: SECN=0, GCDF=DEG, LONGITUDE=0, LATITUDE=0, SECM=NormalMIMO, ANTM=2T2R, COMBM=COMBTYPE_SINGLE_RRU, CN1=0, SRN1=60, SN1=0, PN1=R0A, CN2=0, SRN2=60, SN2=0, PN2=R0B, ALTITUDE=3;

2）添加小区。

TDD 制式：

ADD CELL: LocalCellId=0, CellName="0", SectorId=0, FreqBand=40, UlEarfcnCfgInd=NOT_CFG, DlEarfcn=39150, UlBandWidth=CELL_BW_N100, DlBandWidth=CELL_BW_N100, CellId=10, PhyCellId=

10, FddTddInd=CELL_TDD, SubframeAssignment=SA1, SpecialSubframePatterns=SSP7, RootSequenceIdx=1, CellRadius=2000, CustomizedBandWidthCfgInd=NOT_CFG, EmergencyAreaIdCfgInd= NOT_CFG, UePowerMaxCfgInd=NOT_CFG, MultiRruCellFlag=BOOLEAN_FALSE;

FDD 制式：

ADD CELL: LocalCellId=0, CellName="0", SectorId=0, FreqBand=7, UlEarfcnCfgInd=NOT_CFG, DlEarfcn=3094, UlBandWidth=CELL_BW_N100, DlBandWidth=CELL_BW_N100, CellId=10, PhyCellId=10, FddTddInd=CELL_FDD, RootSequenceIdx=1, CellRadius=2000, Customized BandWidthCfgInd=NOT_CFG, EmergencyAreaIdCfgInd=NOT_CFG, UePowerMaxCfgInd=NOT_CFG, MultiRruCellFlag=BOOLEAN_FALSE;

小区制式和基带版制式相同。

3）添加小区运营商信息。

ADD CELLOP: LocalCellId=0, TrackingAreaId=0;

4）激活小区。

ACT CELL: LocalCellId=0;

6.4.9 信令跟踪与软件管理

1. WebLMT 跟踪任务创建

在 MML 跟踪项里可以查看 UU 口、X2 口、S1 口的跟踪消息。创建 UU 口跟踪任务时，需在基带版正常后，才能正常创建跟踪任务。当基带板的 ACT 灯常亮之后，就说明基带版已经正常启动。创建 S1 跟踪任务如下：在 WEB LMT 界面单击“跟踪”按钮进入跟踪主界面。用鼠标双击“S1 跟踪”，创建 S1 跟踪任务，单击“确定”按钮即可，如图 6-53 所示。

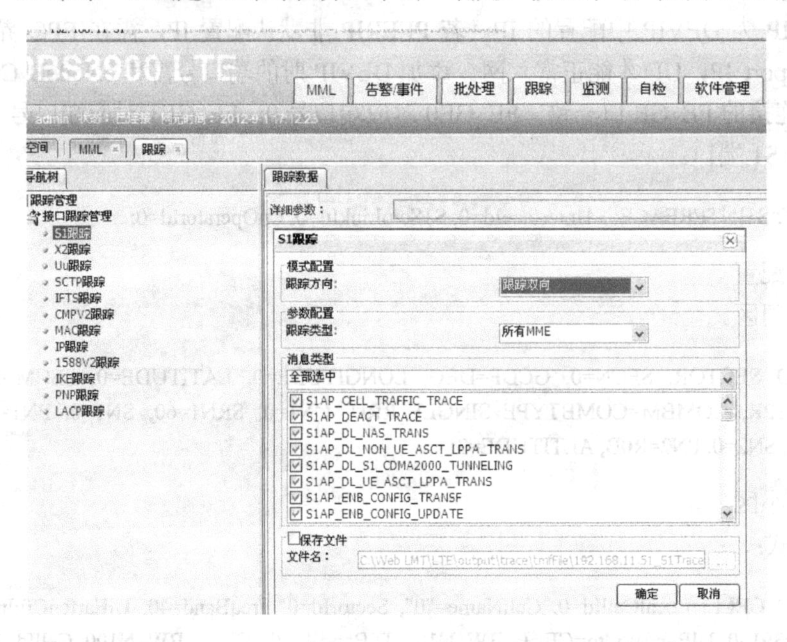

图 6-53 S1 跟踪

创建 X2 口跟踪任务如下：在 WEB LMT 界面单击“跟踪”按钮进入跟踪主界面。用鼠标双击“X2 跟踪”，创建 X2 跟踪任务，单击“确定”按钮即可；如图 6-54 所示。

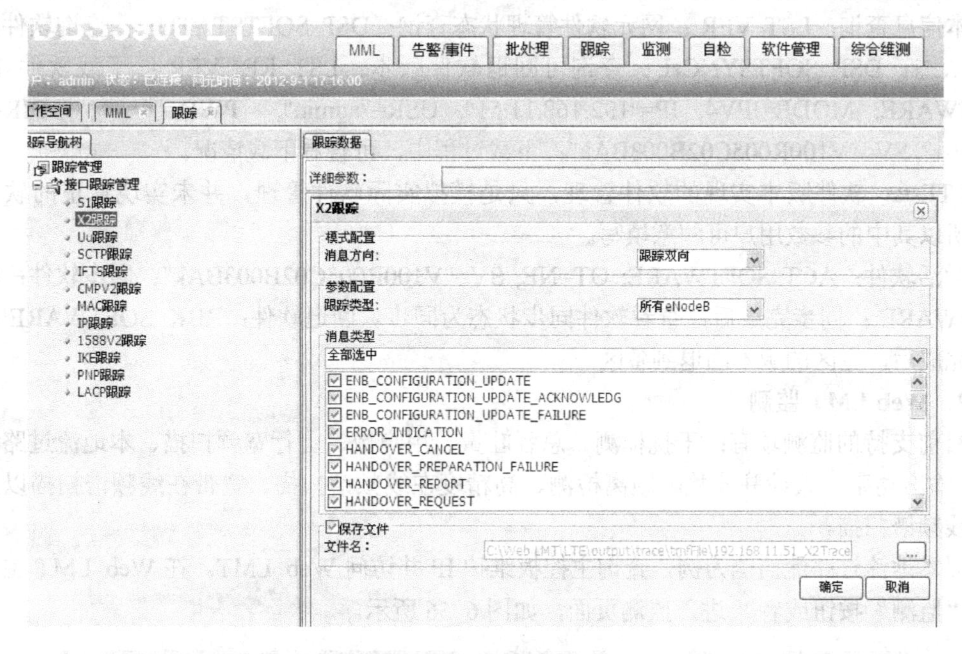

图 6-54　X2 跟踪

UU 口跟踪任务如下创建：在 WEB LMT 界面单击“跟踪”按钮进入跟踪主界面。用鼠标双击“Uu 跟踪”，创建 Uu 跟踪任务，单击“确定”按钮即可，如图 6-55 所示。

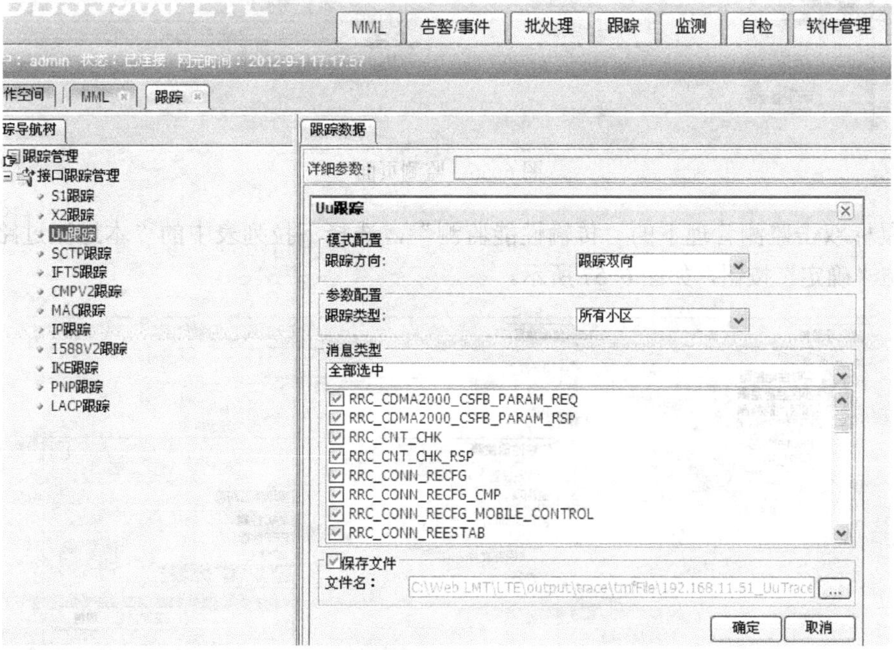

图 6-55　UU 口跟踪

2．软件管理

实现该步骤的前提条件是主控板正常开工。软件版本信息查询：LST SOFTWARE:；当前版本信息查询：LST VER:；网元软件管理状态查询：DSP SOFTSTATUS:；查询软件版本同步状态：DSP SOFTSYNCH:；查询可回退软件版本：LST RBKVER:；下载软件 DLD SOFTWARE: MODE=IPV4, IP="192.168.11.51", USR="admin", PWD="*****", DIR="F:\LTEStar", SV="V100R005C02B003BAk"；下载过程中，可查看下载情况。

LTEstar 软件版本实现的软件管理，只是模拟实际软件管理，并未实现真正的软件管理，所以其中的参数用户可随意填写。

激活软件：ACT SOFTWARE: OT=NE, SV="V100R005C02B003BAk"；同步软件：SYN SOFTWARE:；同步完成后，查看软件同步状态为同步。回退软件：RBK SOFTWARE:版本回退完成后，主区的版本回退到备区。

3．Web LMT 监测

目前支持的监测项有：干扰检测、总吞吐量、用户数、上行宽频扫描、本地流过路流、RRU 输出功率、天馈驻波故障距离检测、高精度在线频谱扫描、宽带在线频谱扫描以及宽带离线频谱扫描。

以本地流过路流监测为例，查询主控板维护 IP 并访问 Web LMT。在 Web LMT 主界面单击“监测”按钮或者进入监测页面，如图 6-56 所示。

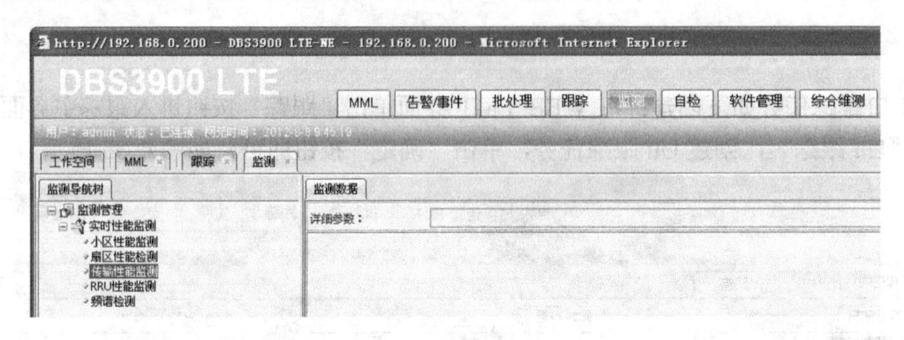

图 6-56　监测页面

用鼠标双击监测管理下的“传输性能监测”，选择下拉列表中的“本地流过路流”选项，单击“确定”按钮，如图 6-57 所示。

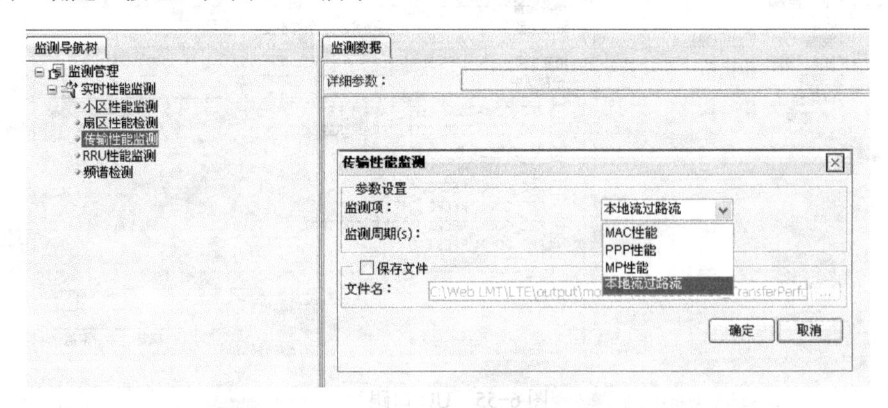

图 6-57　传输性能监测

查看监测数据，如图 6-58 所示。

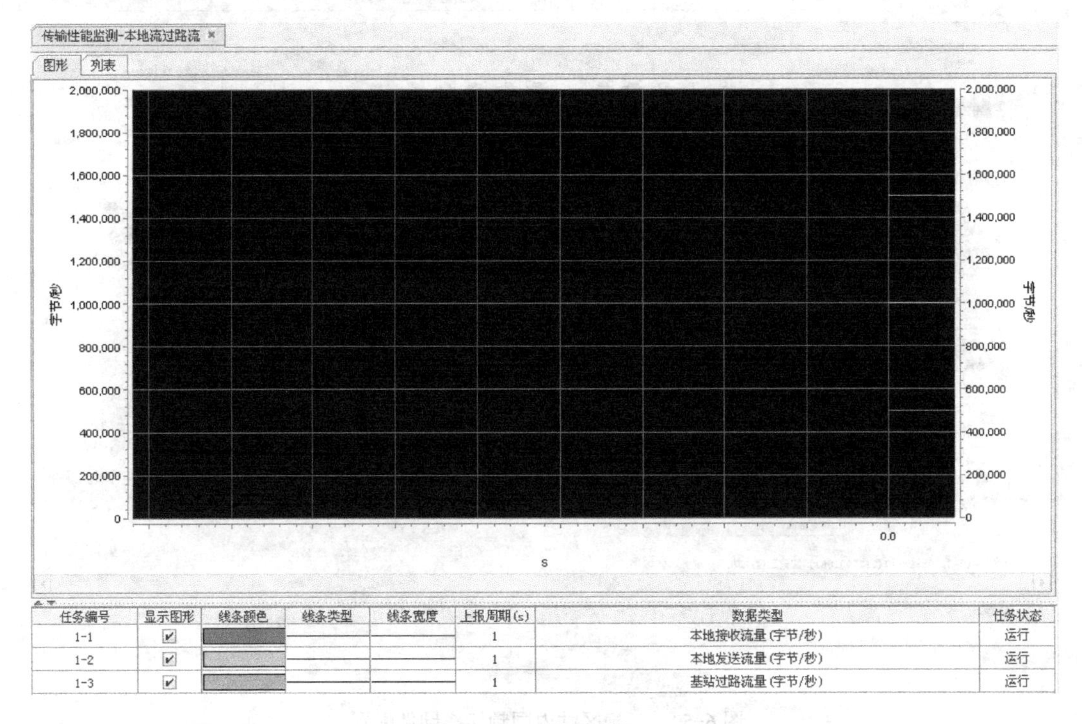

图 6-58　监测数据

RRU 输出功率、天馈故障距离监测、本地流过路流监测数据为打桩数据。高精度在线频谱扫描、宽带在线频谱扫描、宽带离线频谱扫描，此三项检测结果只能在本地生成 MML 文件。

6.4.10　切换环境配置

1．站内同频切换环境配置

1）配置两小区频点相同。

```
MOD CELL: LocalCellId=*, FreqBand=*, DlEarfcn=**;
```

2）打开基于覆盖的同频切换算法开关。

```
MOD ENODEBALGOSWITCH: HoAlgoSwitch=IntraFreqCoverHoSwitch-1;
```

本软件只支持基于覆盖的切换，开关默认打开。

3）创建同频邻区关系。

```
ADD EUTRANINTRAFREQNCELL: LocalCellId=*, Mcc="460", Mnc="00", eNodeBId=*, CellId=*;
```

除本地小区标识外，其他参数皆为邻区的相关信息。

下面给出一个三扇区站内同频切换的案例。三扇区站内同频切换硬件配置，如图 6-59 所示。

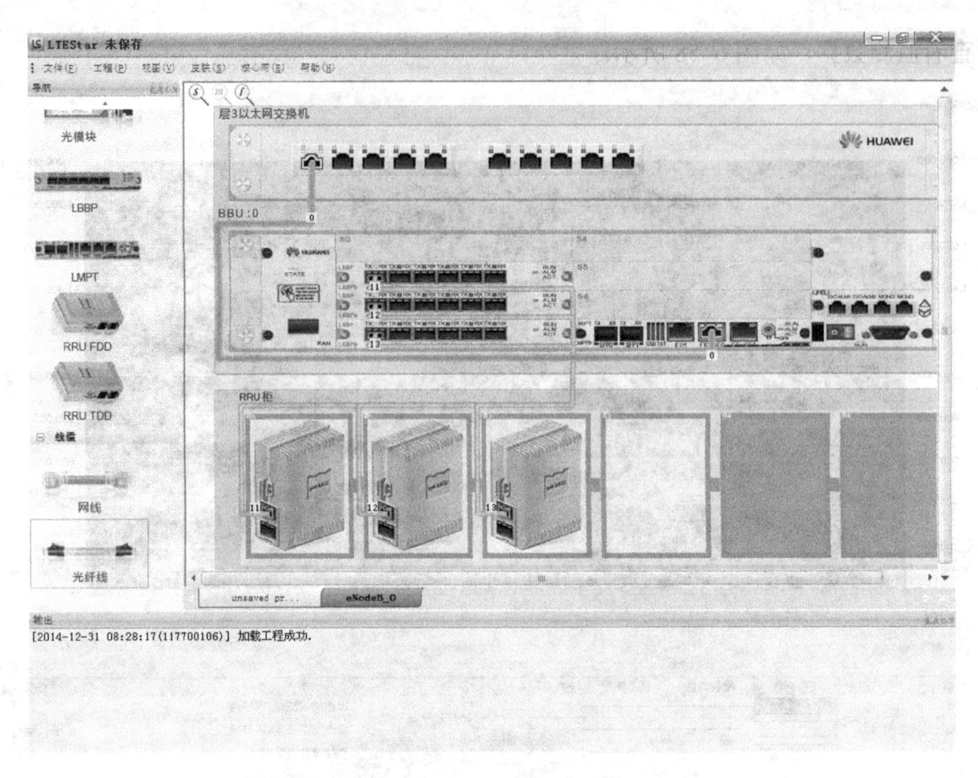

图 6-59　三扇区站内同频切换硬件配置

三扇区站内同频切换配置的完整脚本如下：

MOD ENODEB: ENODEBID=0, ENBTYPE=DBS3900_LTE, AUTOPOWEROFFSWITCH=Off, GCDF=DEG, PROTOCOL=CPRI;

ADD CNOPERATOR: CnOperatorId=0, CnOperatorName="cmcc", CnOperatorType=CNOPERATOR_PRIMARY, Mcc="460", Mnc="00";

ADD CNOPERATORTA: TrackingAreaId=0, CnOperatorId=0, Tac=100;

ADD CABINET: CN=0, TYPE=VIRTUAL;

ADD SUBRACK: CN=0, SRN=0, TYPE=BBU3900;

ADD BRD: SN=7, BT=LMPT;

ADD BRD: SN=1, BT=LBBP, WM=TDD;

ADD BRD: SN=16, BT=FAN;

ADD BRD: SN=19, BT=UPEU;

ADD RRUCHAIN: RCN=0, TT=CHAIN, HSN=1, HPN=0;

ADD RRU: CN=0, SRN=62, SN=0, RCN=0, PS=0, RT=LRRU, RS=TDL, RXNUM=2, TXNUM=2;

SET DHCPSW: SWITCH=DISABLE;

ADD ETHPORT: SN=7, SBT=BASE_BOARD, PA=COPPER, SPEED=AUTO, DUPLEX=AUTO;

ADD DEVIP: SN=7, SBT=BASE_BOARD, PT=ETH, PN=0, IP="11.64.16.2", MASK="255.255.0.0";

ADD SCTPLNK: SCTPNO=0, SN=7, LOCIP="11.64.16.2", LOCPORT=16705, PEERIP="11.64.15.2", PEERPORT=16448, AUTOSWITCH=ENABLE;

ADD S1INTERFACE: S1InterfaceId=0, S1SctpLinkId=0, CnOperatorId=0;

ADD IPPATH: PATHID=0, SN=7, SBT=BASE_BOARD, PT=ETH, JNRSCGRP=DISABLE, LOCALIP="11.64.16.2", PEERIP="10.148.43.48", ANI=0, APPTYPE=S1, PATHTYPE=ANY;

ADD SECTOR: SECN=0, GCDF=DEG, LONGITUDE=1, LATITUDE=1, SECM=NormalMIMO, ANTM=2T2R, COMBM=COMBTYPE_SINGLE_RRU, CN1=0, SRN1=62, SN1=0, PN1=R0A, CN2=0, SRN2=62, SN2=0, PN2=R0B, ALTITUDE=10;

ADD CELL: LocalCellId=0, CellName="111", SectorId=0, FreqBand=40, UlEarfcnCfgInd=NOT_CFG, DlEarfcn=38750, UlBandWidth=CELL_BW_N100, DlBandWidth=CELL_BW_N100, CellId=0, PhyCellId=0, FddTddInd=CELL_TDD, SubframeAssignment=SA2, SpecialSubframePatterns=SSP5, RootSequenceIdx=0, PreambleFmt=0, CustomizedBandWidthCfgInd=NOT_CFG, EmergencyAreaIdCfgInd=NOT_CFG, UePower MaxCfgInd=NOT_CFG, MultiRruCellFlag=BOOLEAN_FALSE;

ADD CELLOP: LocalCellId=0, TrackingAreaId=0;

ACT CELL: LocalCellId=0;

DEA CELL: LocalCellId=0;

ADD BRD: SN=2, BT=LBBP, WM=TDD;

ADD RRUCHAIN: RCN=1, TT=CHAIN, HSN=2, HPN=0;

ADD RRU: CN=0, SRN=65, SN=0, RCN=1, PS=0, RT=LRRU, RS=TDL, RXNUM=2, TXNUM=2;

ADD SECTOR: SECN=1, GCDF=DEG, LONGITUDE=1, LATITUDE=1, SECM=NormalMIMO, ANTM=2T2R, COMBM=COMBTYPE_SINGLE_RRU, CN1=0, SRN1=65, SN1=0, PN1=R0A, CN2=0, SRN2=65, SN2=0, PN2=R0B, ALTITUDE=10;

ADD CELL: LocalCellId=1, CellName="101", SectorId=1, FreqBand=40, UlEarfcnCfgInd=NOT_CFG, DlEarfcn=38750, UlBandWidth=CELL_BW_N100, DlBandWidth=CELL_BW_N100, CellId=1, PhyCellId=1, FddTddInd=CELL_TDD, SubframeAssignment=SA2, SpecialSubframePatterns=SSP5, RootSequenceIdx=0, CustomizedBandWidthCfgInd=NOT_CFG, EmergencyAreaIdCfgInd=NOT_CFG, UePowerMaxCfgInd=NOT_CFG, MultiRruCellFlag=BOOLEAN_FALSE;

ADD CELLOP: LocalCellId=1, TrackingAreaId=0;

ACT CELL: LocalCellId=1;

ACT CELL: LocalCellId=0;

DEA CELL: LocalCellId=0;

DEA CELL: LocalCellId=1;

ADD BRD: SN=3, BT=LBBP, WM=TDD;

ADD RRUCHAIN: RCN=2, TT=CHAIN, HSN=3, HPN=0;

ADD RRU: CN=0, SRN=66, SN=0, RCN=2, PS=0, RT=LRRU, RS=TDL, RXNUM=2, TXNUM=2;

ADD SECTOR: SECN=2, GCDF=DEG, LONGITUDE=1, LATITUDE=1, SECM=NormalMIMO, ANTM=2T2R, COMBM=COMBTYPE_SINGLE_RRU, CN1=0, SRN1=66, SN1=0, PN1=R0A, CN2=0, SRN2=66, SN2=0, PN2=R0B, ALTITUDE=10;

ADD CELL: LocalCellId=2, CellName="100", SectorId=2, FreqBand=40, UlEarfcnCfgInd=NOT_CFG, DlEarfcn=38750, UlBandWidth=CELL_BW_N100, DlBandWidth=CELL_BW_N100, CellId=2, PhyCellId=2, FddTddInd=CELL_TDD, SubframeAssignment=SA2, SpecialSubframePatterns=SSP5, RootSequenceIdx=0, CustomizedBandWidthCfgInd=NOT_CFG, EmergencyAreaIdCfgInd=NOT_CFG, UePowerMaxCfgInd=NOT_CFG, MultiRruCellFlag=BOOLEAN_FALSE;

ADD CELLOP: LocalCellId=2, TrackingAreaId=0;

ACT CELL: LocalCellId=2;

ACT CELL: LocalCellId=1;

ACT CELL: LocalCellId=0;

MOD ENODEBALGOSWITCH: HoAlgoSwitch=IntraFreqCoverHoSwitch-1&InterFreq Cover HoSwitch-1&UtranCsfbSwitch-1&GeranCsfbSwitch-1&Cdma1xRttCsfbSwitch-1&UtranServiceHoSwitch-1&GeranServiceHoSwitch-1&CdmaHrpdServiceHoSwitch-1&Cdma1xRttServiceHoSwitch-1&UlQualityInter RATHoSwitch-1&InterPlmnHoSwitch-1&UtranFlashCsfbSwitch-1&GeranFlashCsfbSwitch-1&Service

BasedInter FreqHoSwitch-1&UlQualityInterFreqHoSwitch-1;

ADD EUTRANINTRAFREQNCELL: LocalCellId=0, Mcc="460", Mnc="00", eNodeBId=0, CellId=1;

ADD EUTRANINTRAFREQNCELL: LocalCellId=1, Mcc="460", Mnc="00", eNodeBId=0, CellId=0;

ADD EUTRANINTRAFREQNCELL: LocalCellId=2, Mcc="460", Mnc="00", eNodeBId=0, CellId=0;

ADD EUTRANINTRAFREQNCELL: LocalCellId=0, Mcc="460", Mnc="00", eNodeBId=0, CellId=2;

ADD EUTRANINTRAFREQNCELL: LocalCellId=1, Mcc="460", Mnc="00", eNodeBId=0, CellId=2;

ADD EUTRANINTRAFREQNCELL: LocalCellId=2, Mcc="460", Mnc="00", eNodeBId=0, CellId=1;

可以通过信令跟踪来验证配置结果。

2．站内异频切换环境配置

1）配置两小区频点相异。

MOD CELL: LocalCellId=*, FreqBand=*, DlEarfcn=**;

2）打开基于覆盖的异频切换算法开关。

MOD ENODEBALGOSWITCH: HoAlgoSwitch=InterFreqCoverHoSwitch-1;

本软件只支持基于覆盖的切换。

3）创建异频相邻频点。

ADD EUTRANINTERNFREQ: LocalCellId=*, DlEarfcn=**, UlEarfcnCfgInd=NOT_CFG, CellReselPriorityCfgInd=NOT_CFG, SpeedDependSPCfgInd=NOT_CFG, MeasBandWidth=MBW100, PmaxCfgInd=NOT_CFG;

4）创建异频邻区关系。

ADD EUTRANINTERFREQNCELL: LocalCellId=*, Mcc="460", Mnc="00", eNodeBId=**, CellId=*, CellIndividualOffset=dB6;

除本地小区标识外，其他参数皆为邻区的相关信息，CellIndividualOffset 参数为小区偏置，建议配置成 8dB，便于切换，具体可根据情况进行修改。

5）修改异频切换参数。

MOD INTERFREQHOGROUP: LocalCellId=*, InterFreqHoGroupId=0, InterFreqHoA1ThdRsrp=-105, InterFreqHoA2ThdRsrp=-109, InterFreqHoA4ThdRsrp=-105, InterFreqLoadBasedHoA4ThdRsrp=-105;

此参数配置可根据具体情况配置，可按照默认值进行配置。

3．站间同频切换环境配置

1）配置两小区频点相同。

MOD CELL: LocalCellId=*, FreqBand=*, DlEarfcn=**;

本软件只支持基于覆盖的切换，开关默认打开。

2）创建外部小区。

ADD EUTRANEXTERNALCELL: Mcc="460", Mnc="00", eNodeBId=1, CellId=*, DlEarfcn=**, UlEarfcnCfgInd=NOT_CFG, PhyCellId=**, Tac=0;

外部小区为非本基站的小区。

3）创建同频邻区关系。

```
ADD EUTRANINTRAFREQNCELL: LocalCellId=*, Mcc="460", Mnc="00", eNodeBId=1, CellId=**;
```

除本地小区标识外，其他参数皆为邻区的相关信息。

4．站间异频切换环境配置

1）配置两小区频点相异。

```
MOD CELL: LocalCellId=*, FreqBand=*, DlEarfcn=**;
```

2）打开基于覆盖的异频切换算法开关。

```
MOD ENODEBALGOSWITCH: HoAlgoSwitch=InterFreqCoverHoSwitch-1;
```

本软件只支持基于覆盖的切换。

3）创建异频相邻频点。

```
ADD EUTRANINTERNFREQ: LocalCellId=*, DlEarfcn=**, UlEarfcnCfgInd=NOT_CFG, CellReselPriorityCfgInd=NOT_CFG, SpeedDependSPCfgInd=NOT_CFG, MeasBandWidth=MBW100, PmaxCfgInd=NOT_CFG, QqualMinCfgInd=NOT_CFG;
```

4）创建外部小区。

```
ADD EUTRANEXTERNALCELL: Mcc="460", Mnc="00", eNodeBId=*, CellId=**, DlEarfcn=**, UlEarfcnCfgInd=NOT_CFG, PhyCellId=**, Tac=0;
```

5）创建异频邻区关系。

```
ADD EUTRANINTERFREQNCELL: LocalCellId=0, Mcc="460", Mnc="00", eNodeBId=*, CellId=**, CellIndividualOffset=dB8, CellQoffset=dB8;
```

除本地小区标识外，其他参数皆为邻区的相关信息，CellIndividualOffset 参数为小区偏置，建议配置成 8dB，便于切换，具体可根据情况进行修改。

5．X2 链路配置

站间切换时需配置 X2 链路，站间同频和站间异频 X2 链路配置相同。

下面以在 FE_GE1 口上配置 X2 链路为例，所以需在 eNB0 和 eNB1 的 eNodeB Cubby 界面中添加主控板 FE_GE1 到交换机的网线。

若在 FE_GE0 口上配置 X2 链路，需在添加 X2 DEVIP 和 X2 IPPATH 时将端口号修改为 0。

1）eNB_0 配置如下。

● 添加 X2 DEVIP。

```
ADD DEVIP: CN=0, SRN=0, SN=*, SBT=BASE_BOARD, PT=ETH, PN=1, IP="*.*.*.*", MASK="255.255.255.0";
```

SN 是主控板槽位号，取值{6,7}，根据实际配置填写。IP 格式正确即可。

● 添加 X2 SCTPLNK。

ADD SCTPLNK: SCTPNO=16, CN=0, SRN=0, SN=*, LOCIP="*.*.*.*", LOCPORT=***, PEERIP="*.*.*.*", PEERPORT=***, AUTOSWITCH=ENABLE;

LOCIP 和上一步添加 DEVIP 时的 IP 一致。PEERIP 是 eNB1 基站配置 X2 DEVIP 时添加的 IP。LOCPORT 在规定范围之内即可 PEERPORT 为 eNB1 添加 X2 SCTPLNK 时的 LOCPORT。

● 添加 X2 IPPATH。

ADD IPPATH: PATHID=16, CN=0, SRN=0, SN=*, SBT=BASE_BOARD, PT=ETH, PN=1, JNRSCGRP=DISABLE, LOCALIP="*.*.*.*", PEERIP="*.*.*.*", ANI=0, APPTYPE=X2, PATHTYPE=ANY;

SN 是主控板槽位号，取值{6,7}，根据实际配置填写。LOCALIP 为添加 X2 DEVIP 时的 IP。PEERIP 为 eNB1 添加 X2 DEVIP 时的 IP。

● 添加 X2INTERFACE。

ADD X2INTERFACE: X2InterfaceId=16, X2SctpLinkId=16, CnOperatorId=0;

2）eNB_1 配置如下。

● 添加 X2 DEVIP

ADD DEVIP: CN=1, SRN=0, SN=*, SBT=BASE_BOARD, PT=ETH, PN=1, IP="*.*.*.*", MASK="255.255.255.0";

SN 是主控板槽位号，取值{6,7}，根据实际配置填写。IP 格式正确即可，和 eNB0 添加 SCTPLNK 中的 PEERIP。

● 添加 X2 SCTPLNK。

ADD SCTPLNK: SCTPNO=17, CN=1, SRN=0, SN=*, LOCIP="*.*.*.*", LOCPORT=***, PEERIP="*.*.*.*", PEERPORT=***, AUTOSWITCH=ENABLE;

LOCIP 和上一步添加 DEVIP 时的 IP 一致。PEERIP 是 eNB0 基站配置 X2 DEVIP 时添加的 IP。LOCPORT 为 eNB0 添加 X2 SCTPLNK 时的 PEERPORT。PEERPORT 为 eNB0 添加 X2 SCTPLNK 时的 LOCPORT。

● 添加 X2 IPPATH。

ADD IPPATH: PATHID=17, CN=1, SRN=0, SN=*, SBT=BASE_BOARD, PT=ETH, PN=1, JNRSCGRP=DISABLE, LOCALIP="*.*.*.*", PEERIP="*.*.*.*", ANI=0, APPTYPE=X2, PATHTYPE=ANY;

SN 是主控板槽位号，取值{6,7}，根据实际配置填写。LOCALIP 为添加 X2 DEVIP 时的 IP。PEERIP 为 eNB0 添加 X2 DEVIP 时的 IP。

● 添加 X2INTERFACE。

ADD X2INTERFACE: X2InterfaceId=17, X2SctpLinkId=17, CnOperatorId=0;

3）配置完成后用命令 DSP X2INTERFACE:;查看 X2 链路是否正常。

6.4.11　站内切换与站间切换信令跟踪

1．显示小区覆盖范围

实现该步骤的前提条件是 eNB 操作界面中，单板添加以及连线完成；MML 中小区配置信息完成。eNB 操作界面中添加 RRU 的同时，在工程主界面中会生成对应的天线，eNB 天线如图 6-60 所示。

MML 激活小区后，工程主界面中，显示小区覆盖范围；建立的小区数不同，则界面中显示的情况不同，默认小区半径为 2000m。建立一个小区如图 6-61 所示。

图 6-60　eNB 天线

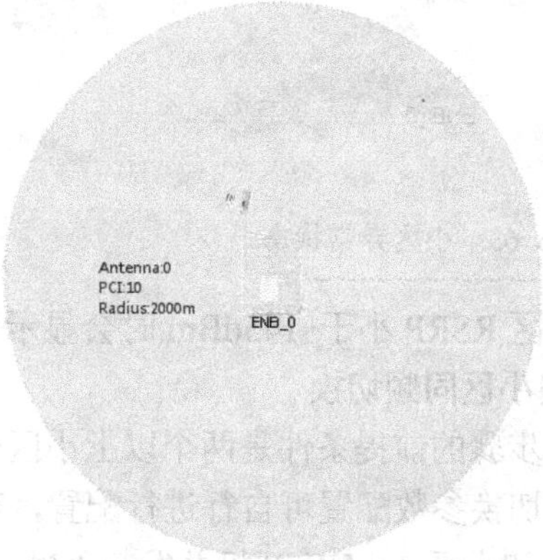

图 6-61　建立一个小区

建立三个小区如图 6-62 所示。

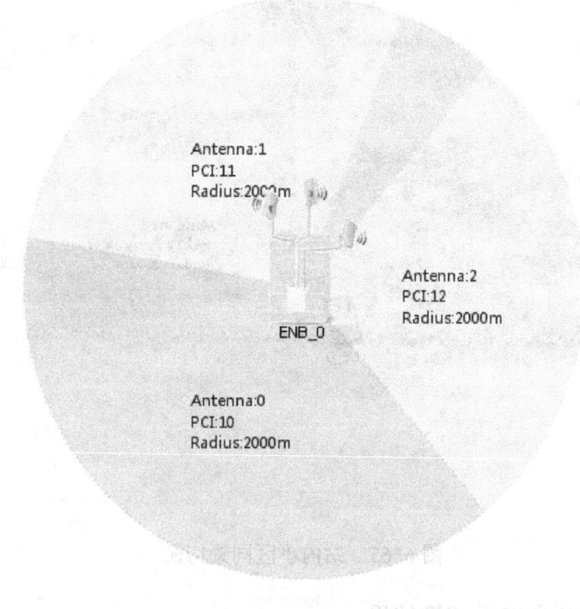

图 6-62　建立三个小区

小区异常后，工程主界面中小区覆盖范围消失，小区异常状态如图 6-63 所示。

以上小区显示是在 ENODEB CUBBY 中添加 RRU 时按顺序添加建立对应的小区。

2. 查询 UE 所在小区信号强度

实现该步骤的前提条件是 UE 开机；小区建立完成，且状态正常。主界面中，选中 UE。鼠标移动到 UE 上方，等待 1s。查看 UE 所在小区信号强度，如图 6-64 所示。

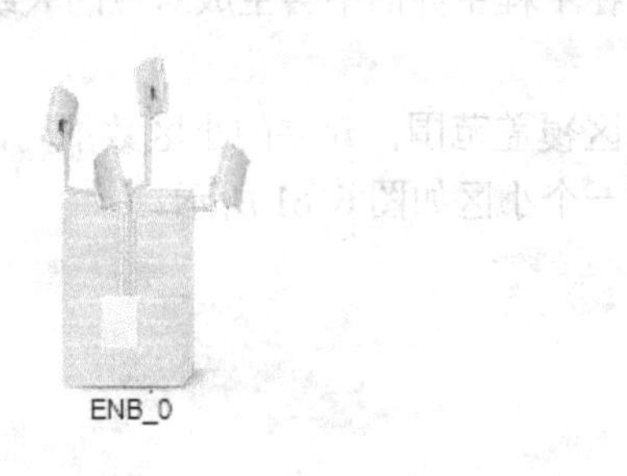

图 6-63　小区异常状态

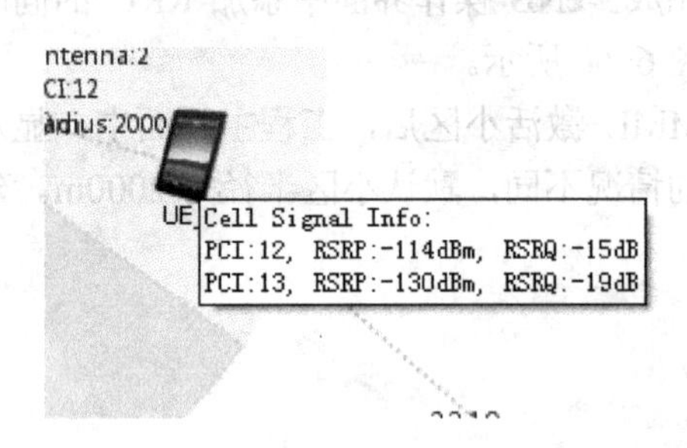

图 6-64　小区信号强度

目前小区 RSRP 小于-145dBm 时会显示 No Signal。

3. 站内小区同频切换

实现该步骤的前提条件是两个以上小区建立完成，且状态正常；站内同频切换环境配置完成。同频切换参数配置可自行进行配置，建议使用默认值。例如：两个站内同频小区，分别为小区 0 和小区 1；UE 开机并发起入网，接入较 UE 近的小区，如小区 0；UE 入网成功后，向小区 1 的方向上移动 UE。站内切换时，建议 UE 移动速度为 Person 和 Auto。站内小区同频切换，如图 6-65 所示。

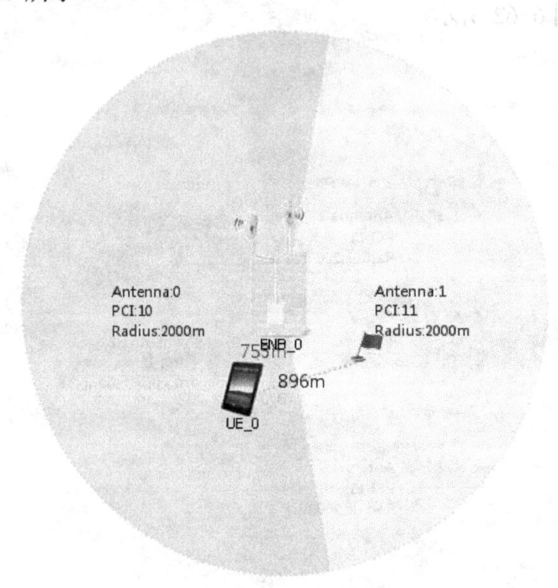

图 6-65　站内小区同频切换

在 Web LMT 跟踪项中查看切换结果。

UU 口跟踪，如图 6-66 所示。

RRC_MEAS_RPRT	RECEIVE	0	1792	0	02 08 10 00 3C 00 2D 00
RRC_CONN_RECFG	SEND	0	1792	0	01 22 0B 0C 16 08 00 8...
RRC_CONN_RECFG_CMP	RECEIVE	1	1792	0	02 12 00

图 6-66　UU 口跟踪

4. 站内小区异频切换

实现该步骤的前提条件是两个以上小区建立完成，且状态正常；站内异频切换环境配置完成。异频切换参数配置可自行进行配置，具体位置以及小区数不同都需要配置不同的参数值方能切换成功，建议使用默认值。例如：两个站内 TDD 异频小区，分别为小区 0 和小区 1；UE 开机并发起入网，接入较近的小区，如小区 0；UE 入网成功后，向小区 1 的方向移动。站内异频切换 UE 移动，如图 6-67 所示。

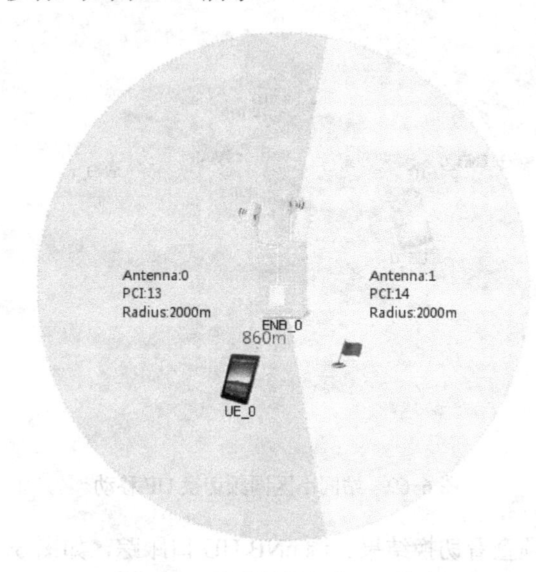

图 6-67　站内异频切换 UF 移动

站内切换时，建议 UE 移动速度为 Person 和 Auto。

在 WEB LMT 跟踪项中查看切换结果。UU 口跟踪结果，如图 6-68 所示。

19	2012-08-28 10:52:10(688)	RRC_MEAS_RPRT	RECEIVE	0	1
20	2012-08-28 10:52:10(697)	RRC_MEAS_RPRT	RECEIVE	0	1
21	2012-08-28 10:52:10(709)	RRC_MEAS_RPRT	RECEIVE	0	1
22	2012-08-28 10:52:10(715)	RRC_MEAS_RPRT	RECEIVE	0	1
23	2012-08-28 10:52:10(800)	RRC_CONN_RECFG	SEND	0	1
24	2012-08-28 10:52:23(755)	RRC_CONN_RECFG_CMP	RECEIVE	1	1
25	2012-08-28 10:52:23(867)	RRC_CONN_RECFG	SEND	1	1
26	2012-08-28 10:52:30(561)	RRC_CONN_RECFG_CMP	RECEIVE	1	1
27	2012-08-28 10:52:30(572)	RRC_MEAS_RPRT	RECEIVE	1	1
28	2012-08-28 10:52:30(576)	RRC_CONN_RECFG	SEND	1	1
29	2012-08-28 10:52:33(036)	RRC_CONN_RECFG_CMP	RECEIVE	1	1
30	2012-08-28 10:52:33(050)	RRC_CONN_RECFG	SEND	1	1

图 6-68　UU 口跟踪结果

5. 站间小区同频切换

实现该步骤的前提条件是每个基站至少有一个已建立小区，且状态正常；站间同频切换环境配置完成。同频切换参数配置可自行进行配置，建议使用默认值。eNB1 配置完成后请重启基站再进行切换操作。例如：两个站间同频小区，分别为小区 0 和小区 1；UE 开机并发起入网，接入较 UE 近的小区；UE 入网成功后，向小区 1 的方向上移动 UE。站间切换时 UE 移动速度建议为 Train。站间小区同频切换 UE 移动，如图 6-69 所示。

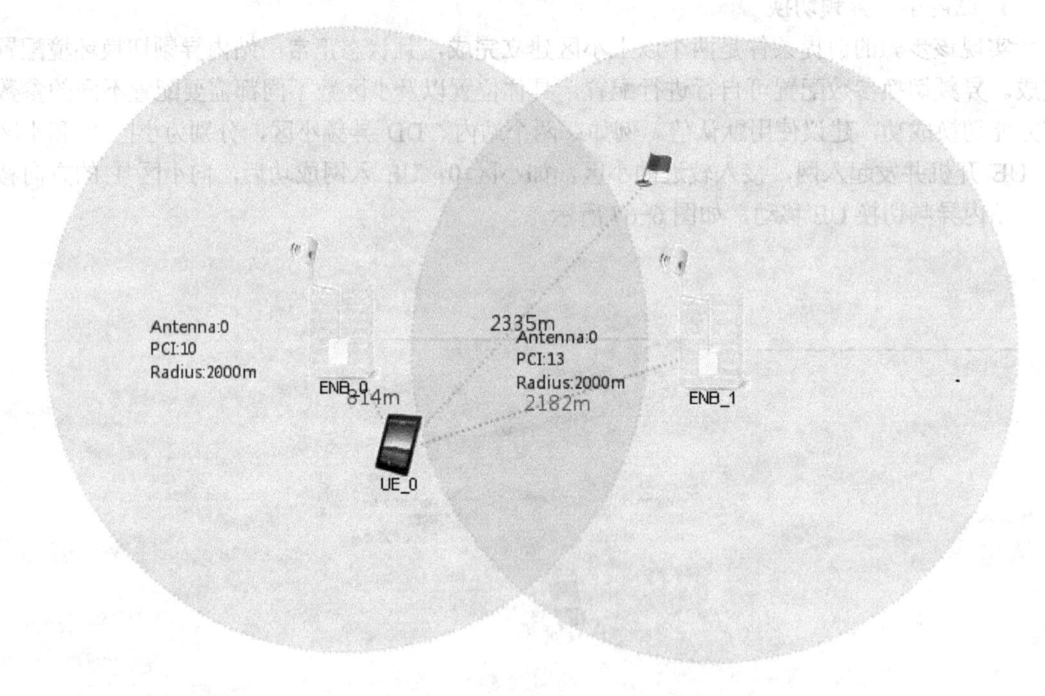

图 6-69　站间小区同频切换 UF 移动

在 WEB LMT 跟踪项查看切换结果。源 eNB UU 口跟踪，如图 6-70 所示。

2012-02-03 09:46:02(00)	RRC_MEAS_RPRT	RECEIVE	0	1792	805306368	02 08 10 B5 5C 00 2D 57
2012-02-03 09:46:02(00)	RRC_CONN_RECFG	SEND	0	1792	805306368	01 22 0B 04 17 00 0F 8...

图 6-70　源 eNB UU 口跟踪

源 eNB X2 口跟踪，如图 6-71 所示。

2012-02-03 09:46:02(00)	HANDOVER_REQUEST	SEND	1	46000	00 00 00 81 18 00 00 06 00 0A 00 02 00 ...
2012-02-03 09:46:02(00)	HANDOVER_REQUEST_ACKNOWLEDGE	RECEIVE	1	46000	20 00 00 55 00 00 04 00 0A 40 02 00 02 ...
2012-02-03 09:46:07(00)	UE_CONTEXT_RELEASE	RECEIVE	1	46000	00 05 40 0F 00 00 02 00 0A 00 02 00 02 ...

图 6-71　源 eNB X2 口跟踪

目标 eNB UU 口跟踪，如图 6-72 所示。

2012-02-03 09:46:05(00)	RRC_CONN_RECFG_CMP	RECEIVE	1	4196096	805306369	02 12 00
2012-02-03 09:46:05(00)	RRC_CONN_RECFG	SEND	1	4196096	805306369	01 24 10 3F A8 02 00 0...
2012-02-03 09:46:07(00)	RRC_CONN_RECFG_CMP	RECEIVE	1	4196096	805306369	02 14 00

图 6-72　目标 eNB UU 口跟踪

目标 eNB X2 口跟踪，如图 6-73 所示。

2012-02-03 09:46:00(00)	HANDOVER_REQUEST	RECEIVE	0	46000	00 00 00 81 18 00 00 06 00 0A 00 02 00 ...
2012-02-03 09:46:00(00)	HANDOVER_REQUEST_ACKNOWLEDGE	SEND	0	46000	20 00 00 55 00 00 04 00 0A 40 02 00 02 ...
2012-02-03 09:46:05(00)	UE_CONTEXT_RELEASE	SEND	0	46000	00 05 40 0F 00 00 02 00 0A 00 02 00 02 ...

图 6-73　目标 eNB X2 口跟踪

目标 eNB S1 跟踪，如图 6-74 所示。

2012-02-03 09:46:05(00)	S1AP_PATH_SWITCH_REQ	SEND	0	00 03 00 4F 00 00 06 00 08 00 02 00 01 ...
2012-02-03 09:46:05(00)	S1AP_PATH_SWITCH_REQ_ACK	RECEIVE	0	20 03 00 34 00 00 03 00 00 40 02 00 01 ...

图 6-74　目标 eNB S1 跟踪

6. 站间小区异频切换

实现该步骤的前提条件是每个基站至少有一个已建立小区，且状态正常；站间异频切换环境配置完成。异频切换参数配置可自行进行配置，建议使用默认值。eNB1 配置完成后请重启再进行切换操作。例如：两个站间异频小区，分别为小区 0 和小区 1；UE 开机并发起入网，接入较 UE 近的小区，如小区 PCI：10；UE 入网成功后，向小区 1 的方向上移动 UE。站间小区异频切换 UE 移动，如图 6-75 所示，站间切换时 UE 移动速度建议为 Train。

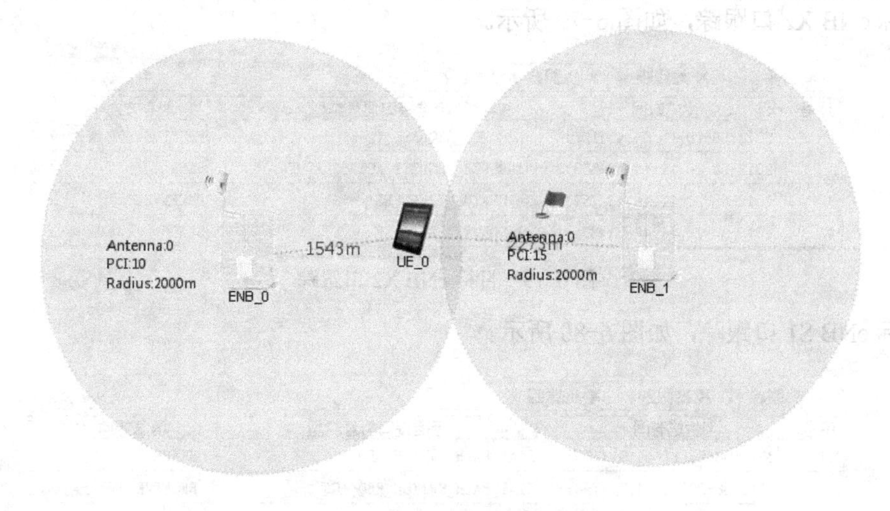

图 6-75　站间小区异频切换 UF 移动

WEB LMT 跟踪项查看切换结果如下。源 eNB UU 口跟踪，如图 6-76 所示。

S1跟踪 | X2跟踪 | Uu跟踪

序号	生成时间	标准接口消息类型	消息方向	本地小区ID
1	2012-08-28 11:44:01(957)	RRC_MEAS_RPRT	RECEIVE	0
2	2012-08-28 11:44:01(972)	RRC_CONN_RECFG	SEND	0
3	2012-08-28 11:44:06(249)	RRC_CONN_RECFG_CMP	RECEIVE	0
4	2012-08-28 11:44:39(960)	RRC_MEAS_RPRT	RECEIVE	0
5	2012-08-28 11:44:40(040)	RRC_CONN_RECFG	SEND	0
6	2012-08-28 11:44:41(186)	RRC_MEAS_RPRT	RECEIVE	0

图 6-76　源 eNB UU 口跟踪

源 eNB X2 口跟踪，如图 6-77 所示。

S1跟踪 X2跟踪 Uu跟踪

序号	生成时间	标准接口消息类型	消息方向	eNBID
1	2012-08-28 11:44:39 (970)	HANDOVER_REQUEST	SEND	1
2	2012-08-28 11:44:40 (038)	HANDOVER_REQUEST_ACKNOWLEDGE	RECEIVE	1
3	2012-08-28 11:44:40 (575)	SN_STATUS_TRANSFER	SEND	1
4	2012-08-28 11:44:48 (654)	UE_CONTEXT_RELEASE	RECEIVE	1

图 6-77　源 eNB X2 口跟踪

目标 eNB UU 口跟踪，如图 6-78 所示。

S1跟踪 X2跟踪 Uu跟踪

序号	生成时间	标准接口消息类型	消息方向	本地小区ID
1	2012-08-28 11:44:51 (766)	RRC_CONN_RECFG_CMP	RECEIVE	1
2	2012-08-28 11:44:51 (832)	RRC_CONN_RECFG	SEND	1
3	2012-08-28 11:44:57 (281)	RRC_CONN_RECFG_CMP	RECEIVE	1
4	2012-08-28 11:44:57 (294)	RRC_CONN_RECFG	SEND	1
5	2012-08-28 11:45:05 (249)	RRC_CONN_RECFG_CMP	RECEIVE	1
6	2012-08-28 11:45:12 (600)	RRC_MEAS_RPRT	RECEIVE	1
7	2012-08-28 11:45:12 (614)	RRC_CONN_RECFG	SEND	1
8	2012-08-28 11:45:16 (276)	RRC_CONN_RECFG_CMP	RECEIVE	1

图 6-78　目标 eNB UU 口跟踪

目标 eNB X2 口跟踪，如图 6-79 所示。

S1跟踪 X2跟踪 Uu跟踪

序号	生成时间	标准接口消息类型	消息方向
1	2012-08-28 11:44:43 (157)	HANDOVER_REQUEST	RECEIVE
2	2012-08-28 11:44:43 (208)	HANDOVER_REQUEST_ACKNOWLEDGE	SEND
3	2012-08-28 11:44:43 (757)	SN_STATUS_TRANSFER	RECEIVE
4	2012-08-28 11:44:51 (831)	UE_CONTEXT_RELEASE	SEND

图 6-79　目标 eNB X2 口跟踪

目标 eNB S1 口跟踪，如图 6-80 所示。

S1跟踪 X2跟踪 Uu跟踪

序号	生成时间	标准接口消息类型	消息方向
1	2012-08-28 11:44:51 (769)	S1AP_PATH_SWITCH_REQ	SEND
2	2012-08-28 11:44:51 (798)	S1AP_PATH_SWITCH_REQ_ACK	RECEIVE

图 6-80　目标 eNB S1 口跟踪

6.5　任务实施

任务实施需要学生完成以下内容：

1）学习 MML 命令语言。

2）使用 LTEStar 仿真软件完成软件安装。

3）使用 LTEStar 仿真软件完成工程操作。

4）在 LTEStar 仿真软件上按照业务需求进行系统和设备管理配置、传输管理配置、无线管理配置。

5）在 LTEStar 仿真软件上验证设备开通。

6.6 成果验收

6.6.1 验收方式

项目完成过程中应提交以下报告。

- 工作计划书
  - 计划书内容全面、真实，应包括项目名称、项目目标、小组负责人、小组成员及分工、子任务名称、项目开始及结束时间、项目持续时间等。
  - 计划书中附有项目进度表，项目验收标准。
- 项目工作记录单
  - MML 命令语言。
  - 工程操作过程。
  - 系统和设备管理配置、传输管理配置、无线管理配置过程。
  - 验证设备开通。
- 项目总结报告
  - 报告内容全面、条理清晰，包括：项目名称、目标、负责人、小组成员及分工、用户需求分析、安装调试过程及测试记录等。
  - 能够对项目完成情况进行评价。
  - 根据项目完成过程提出问题及找出解决的方法。

6.6.2 验收标准

验收标准见表 6-2。

表 6-2 验收标准

验收内容		分值	自我评价	小组评价	教师评价
工作计划		5			
项目工作记录单	MML 命令语言	10			
	工程操作过程	10			
	系统和设备管理配置、传输管理配置、无线管理配置过程	35			
	验证设备开通	5			
安全文明生产	安全、文明的操作	4			
	有无违纪和违规现象	3			
	良好的职业操守	3			
学习态度	不迟到，不缺课，不早退	4			
	学习认真，责任心强	3			
	积极参与完成项目	3			
项目总结报告	对项目完成情况进行评价	10			
	提出问题及找出解决的方法	5			
自我，小组，教师评价分别总计得分					
总分					

6.7 思考与练习

1. MML 命令支持哪两种执行模式？
2. MML 命令的语法格式是怎样的？
3. MML 命令动作有哪些？分别有什么含义？
4. 完成三扇区基站的配置，给出脚本。
5. 完成两扇区基站站内同频切换配置，给出脚本。

项目 7　基站设备维护

[背景]

在 4G 商用网络建设完成后，系统维护和网络优化是后期的重要任务，维护的目的是保证设备处于最佳运行状态，满足业务运行的需求。要求保证设备的完好，保证设备的电气性能、机械性能、维护技术指标及各项服务指标符合标准；保证服务区内有良好的通信质量；迅速准确地排除各种通信故障，保证通信畅通；搞好全程全网的协作配合，共同保证联网运行质量；负责新设备、扩容设备的质量把关。本项目主要介绍 4G 基站设备的维护。

[目标]

1）认识基站设备维护的类型和要求。

2）能执行例行维护。

3）能执行应急故障维护。

7.1　情境引入

目前有一个 4G 商用网络已经建设完成了，移交给运营商后，要求运营商员工能够进行设备的例行维护，包括日例行维护和周期性例行维护，还要求员工在出现故障时能进行基本的应急故障维护，执行标准的应急故障维护流程，配合设备商员工完成故障处理。

7.2　任务分析

7.2.1　任务实施条件

1）TD-LTE 系统 eNodeB 设备；维护终端。

2）测试手机、维护工具。

7.2.2　任务实施步骤

1）读懂项目任务书，明确项目要求，撰写工作计划。

2）认识基站设备维护的类型。

3）能执行例行维护，完成相关记录表。

4）能执行应急故障维护，并进行记录。

5）能够对项目完成情况进行评价。

6）根据项目完成过程对出现的问题及解决的方法撰写项目总结报告。

7.3 知识基础

7.3.1 例行维护

1．例行维护的目的

例行维护是指日常的周期性维护，其目的是保证设备处于最佳运行状态，满足业务运行的需求。例行维护有以下任务：

1）保证设备的完好，保证设备的电气性能、机械性能、维护技术指标及各项服务指标符合标准。

2）迅速准确地排除各种通信故障，保证通信畅通。

3）确保全程全网的协作配合，共同保证联网运行质量。

2．维护按照周期长短

1）日例行维护。

2）周期性例行维护：周期性例行维护分为月维护、季度维护、半年维护和年维护。

eBBU 日维护项目见表 7-1。

表 7-1　eBBU 日维护项目

项　　目	子 项 目	项目详细说明
告警和通知检查	告警信息处理	从网管终端检查从上次检查到当前时间所有告警，并按告警等级进行分类处理
	通知信息处理	对频繁出现的通知信息进行分析，一般的通知消息可以忽略
故障处理	常见故障处理	处理告警信息中的常见故障，如传输、单板故障等
	用户投诉故障处理	对用户反应的网络质量问题等进行分析处理

eBBU 月维护项目见表 7-2。

表 7-2　eBBU 月维护项目

项　　目	项目详细说明
检查温度和湿度	检查设备和机房的温湿度。温度在 OMC 的告警管理系统中检查，湿度用专用的湿度计检测
检查模块运行情况	在 OMC 的告警管理系统中检查，对于有问题的模块可以通过诊断测试系统检查
检查语音业务、数据业务	在 eBBU 现场用终端进行测试，同时进行业务观察，测试各个扇区的业务情况，检查是否有掉线、断续和吞吐量异常等现象
检查电源的运行情况	主要检查给 eBBU 的供电情况
检查接地、防雷系统	检查接地系统、防雷系统的工作情况，连接是否可靠
其他说明：	

eBBU 季维护项目见表 7-3。

表 7-3 eBBU 季维护项目

项　目	项目详细说明
检查 BBU 的模块运行情况	在 OMC 的告警管理系统中检查，对于有问题的模块可以通过诊断测试系统检查
检查语音业务、数据业务	在 BBU 现场用终端进行测试，同时进行业务观察，测试各个扇区的业务情况，检查是否有掉线、断续、吞吐量异常等现象
检查电源的运行情况	主要检查给 BBU 的电源电压
检查接地、防雷系统	检查接地系统、防雷系统的工作情况，连接是否可靠
检查天馈驻波比	直接从后台检查是否有驻波比告警
检查接地电阻阻值测试及地线	使用地阻仪进行地阻测量，检查是否合格
	检查每个接地线的接头是否有松动现象和老化现象
检查天馈线接头、避雷接地卡的防水和接地连接	检查外部是否完好，必要时需要打开绝缘胶带进行检查，注意检查完毕后需要重新封包好
检查天线牢固程度和定向天线的俯仰角和方向角	主要是检查天线是否被风吹超出了网络规划要求的范围，需要使用扳手和角度仪等工具，注意用扳手拧螺母时用力不要过大
防雷检查	避雷接地线连接是否可靠，连接处的防锈检查
其他情况：	

eBBU 半年维护项目见表 7-4。

表 7-4 eBBU 半年维护项目

项　目	项目详细说明	备　注
防雷接地	检查设备工作地； 检查机房保护地； 检查基站接地干线； 检查建筑防雷地； 测试各类接地电阻	台风、雷雨等自然灾害前后应增加一次检查

eBBU 年维护项目见表 7-5。

表 7-5 eBBU 年维护项目

项　目	项目详细说明
检查机箱清洁和气密性	使用吸尘器、毛巾等对机箱外表进行清洁，特别注意不要误动开关或者接触电源；打开机箱后检查机箱有无进水，检查机箱上下盖之间密封性好坏
检查温度、湿度等	温度在 OMC 的告警管理系统中检查；湿度用专用湿度计测量
检查模块运行状况	在 OMC 的告警管理系统中检查，对于有问题的模块可以通过诊断测试系统检查
检查语音业务和数据业务	在 eBBU 现场用终端进行测试，同时进行业务观察，测试各个扇区的业务情况，检查是否有掉线、断续、吞吐量异常等现象
检查电源的运行情况	主要检查给 eBBU 的电源电压
检查接地防雷系统	检查接地系统、防雷系统的工作情况，连接是否可靠，避雷器有无烧焦的痕迹等
检查天馈驻波比	直接从后台检查是否有驻波比告警

（续）

项　　目	项目详细说明
接地电阻阻值测试及地线检查	使用地阻测试仪进行地阻测量，检查是否合格
	检查每个接地线的接头是否有松动现象和老化现象
天馈线接头、避雷接地卡的防水和接地连接检查	检查外部是否完好，必要时需要打开绝缘胶带进行检查，注意检查完毕后需要重新封包好
天线牢固程度和定向天线的俯仰角和方向角	主要是核查天线是否被风吹超出了网络规划要求的范围，需要使用扳手和角度仪等工具，注意用扳手拧螺母时用力不要过大
防雷检查	避雷接地线连接是否可靠，连接处的防锈检查
其他说明：	

eRRU 日维护项目见表 7-6。

表 7-6　eRRU 日维护项目

项　　目	项目详细说明
检查温度	在后台的告警管理系统中检查
检查设备运行状况	在后台的告警管理系统中检查，对于有问题的单板可以通过诊断测试系统检查
检查语音业务、数据业务	在 RRU 现场用终端进行测试，同时进行业务观察，测试各个扇区的业务情况，检查是否有掉线、断续、吞吐量异常等现象
检查电源的运行情况	主要检查给 RRU 供电情况
检查基站发射功率	后台检查各个扇区的发射功率，检查是否存在过高或过低情况
其他说明：	

eRRU 月维护项目见表 7-7。

表 7-7　eRRU 月维护项目

项　　目	项目详细说明
检查温度	在后台的告警管理系统中检查
检查模块运行状况	在后台的告警管理系统中检查，对于有问题的模块可以通过诊断测试系统检查
检查语音业务、数据业务	在 RRU 现场用终端进行测试，同时进行业务观察，测试各个扇区的业务情况，检查是否有掉线、断续、吞吐量异常等现象
检查电源的运行情况	主要检查给 RRU 供电情况
检查接地、防雷系统	检查接地系统、防雷系统的工作情况，以及线缆连接是否可靠
检查功率	后台检查各个扇区 PA 的功率，检查是否存在过高或过低的情况
检查天馈驻波比	检查是否有驻波比告警，测量每一个天馈系统的驻波比是否正常
其他说明：	

eRRU 季度维护项目见表 7-8。

表 7-8 eRRU 季度维护项目

项　　目	项目详细说明
检查 RRU 的模块运行情况	在后台的告警管理系统中检查，对于有问题的模块可以通过诊断测试系统检查
检查数据业务	在 RRU 现场用终端进行测试、同时在 OMC 进行业务观察，测试各个扇区的业务情况，检查是否有掉线、断续、吞吐量异常等现象
检查电源的运行情况	主要检查给 RRU 的电源电压
检查接地、防雷系统	检查接地系统、防雷系统的工作情况，以及线缆的链接是否可靠
检查功放的功率	后台检查各个扇区功放的功率，检查是否存在过高或过低的情况
检查天馈驻波比	从后台直接检查是否有驻波比告警
接地电阻阻值测试及地线检查	使用地阻测试仪进行地阻测量，检查是否合格
	检查每个接地线的街头是否有松动现象和老化现象
检查天馈线接头、避雷接地卡的防水和接地连接	检查外部是否完好，必要时需要打开绝缘胶带进行检查，注意检查完毕后需要重新封包好
检查天线牢固程度和定向天线的俯仰角和方向角	主要是检查天线是否被风吹超出了网络规划要求的范围，需要使用扳手和角度仪等工具，注意用扳手拧螺母时用力不要过大
防雷检查	避雷接地线连接是否可靠，连接处的防锈检查
其他说明：	

eRRU 半年维护项目见表 7-9。

表 7-9 eRRU 半年维护项目

项　　目	项目详细说明
检查接地、防雷系统	检查接地系统、防雷系统的工作情况，连接是否可靠
检查天馈驻波比	直接从后台检查是否有驻波比告警
接地电阻阻值测试及地线检查	使用地阻测试仪进行地阻测量，检查是否合格
	检查每个接地线的接头是否有松动现象和老化现象
检查天馈线接头、避雷接地卡的防水和接地连接	检查外部是否完好，必要时需要打开绝缘胶带进行检查，注意检查完毕后需要重新封包好
检查天线牢固程度和定向天线的俯仰角和方向角	主要是核查天线是否被风吹超出了网络规划要求的范围，需要使用扳手和角度仪等工具，注意用扳手拧螺母时用力不要过大
防雷检查	避雷接地线连接是否可靠，连接处的防锈检查
其他说明：	

eRRU 年维护项目见表 7-10。

表 7-10 eRRU 年维护项目

项　　目	项目详细说明
检查机箱清洁和气密性	使用吸尘器、毛巾等对机箱外表进行清洁，特别注意不要误动开关或者解除电源；打开机箱后检查机箱有无进水，检查机箱上下盖之间密封性的好坏
检查接地、防雷系统	检查接地系统、防雷系统的工作情况，连接是否可靠，避雷器有无烧焦的痕迹等

（续）

项　　目	项目详细说明
检查天馈驻波比	直接从后台检查是否有驻波比告警
接地电阻阻值测试及地线检查	使用地阻测试仪进行地阻测量，检查是否合格
	检查每个接地线的接头是否有松动现象和老化现象
检查天馈线接头、避雷接地卡的防水和接地连接	检查外部是否完好，必要时需要打开绝缘胶带进行检查，注意检查完毕后需要重新封包好
检查天线牢固程度和定向天线的俯仰角和方向角	主要是核查天线是否被风吹超出了网络规划要求的范围，需要使用扳手和角度仪等工具，注意用扳手拧螺母时用力不要过大
防雷检查	避雷接地线连接是否可靠，连接处的防锈检查
其他说明：	

3．例行维护表格

例行维护表格按周期性分为《突发性维护记录表》《日维护记录表》《月维护记录表》《季度维护记录表》《半年维护记录表》和《年维护记录表》，分别列出了不同时期需要维护的项目和维护时需要记录的数据。日维护记录例表见表7-11。

表7-11　日维护记录例表

项目	维护结果	维护人	备注
查看和处理当前告警	正常□　异常□		
查看操作日志	正常□　异常□		
创建和分析日性能报表	完成□　未完成□		
异常情况及处理步骤：			
系统遗留问题：			
时 间：　　年　　月　　日		局名：	

4．例行维护注意事项

1）例行维护的人员应该满足以下要求：掌握TD-LTE系统无线网络的理论基础；通过接入网基站的操作维护培训。

2）维护人员在进行设备操作时应注意下列事项：维护人员在接触设备硬件时应该严格遵守《硬件维护手册》的内容；禁止随意插拔、复位、启动及切换设备的操作行为；禁止随意改动网管数据库数据。

3）通常情况下，系统管理只允许设置一个管理员，网管权限、密码由管理员统一管理。应根据维护人员的级别不同分配不同的操作权限。登录服务器和客户端的密码应该定期更改。

5. 数据维护要求

对于数据维护有如下要求：

1）对于影响小区业务的操作，如数据同步、数据更改等，应选择低话务量时段进行。

2）重要数据修改前必须备份并做好记录，修改后观察一段时间（通常为一周），确认设备运行正常后才能删除备份数据，如果发生异常须及时恢复。

3）各种数据库，特别是性能测量和告警数据库要定时观察，当容量过大时应及时将旧数据备份并删除，防止出现磁盘溢出错误。

4）对于占用大量维护网络带宽的操作，应该选择低话务量时段进行。

5）所有数据应定期备份。

6. 日例行维护

日例行维护是指每天必须进行的维护项目。它可以帮助维护人员随时了解设备运行情况，以便及时解决问题。在日维护中发现问题时须详细记录相关故障发生的具体物理位置、详细故障现象和过程，以便及时维护和排除隐患。

日例行维护主要包括以下内容：

在告警管理系统中查看故障告警。对未能恢复的告警进行进一步分析处理，重点关注对系统有影响的告警。

在日志浏览系统中查看操作日志。检查异常操作，并作出相应处理。

值班人员应认真记录值班日记，便于出现问题后进行分析和处理，同时也包括交接班记录，做到责任分明。

7. 月例行维护

月例行维护属于周期性例行维护的一种，主要了解设备在过去的一个月内的工作情况，并对出现的故障和问题进行处理。

月例行维护主要包括以下内容：

统计过去一个月告警频率及次数。

在告警管理界面设置查询条件，包括：查询时间、告警对象及告警级别等，进行历史告警查询。

安装正版防病毒软件，每月定期定时进行一次整个计算机的病毒扫描。并及时更新防病毒软件的病毒库。对发现的病毒应及时清除。

8. 季度例行维护

季度例行维护属于周期性例行维护的一种，主要了解设备在过去的一个季度内的工作情况，并对出现的故障和问题进行处理。

月例行维护主要包括以下内容：

更改运维软件客户端登录密码及维护账户的密码。

参照备品备件清单检查备品备件是否完好。

安装正版防病毒软件，每季度定期定时进行一次整个计算机的病毒扫描。并及时更新防病毒软件的病毒库。对发现的病毒应及时清除。

9. 半年例行维护

半年例行维护属于周期性例行维护的一种，主要了解设备在过去的半年中的工作情况，并对出现的故障和问题进行处理。半年例行维护可以分为机房环境检查、主设备运行检查以及配套设备运行状态检查。

7.3.2 应急故障维护

应急故障维护就是在设备出现故障的情况下快速恢复设备的正常运行。故障处理一般包括以下四个阶段：故障信息收集、故障原因分析、故障定位和故障排除。应急故障处理流程如下：

故障信息的主要来自 OMC 客户端的告警、通知、单板指示灯的状态或直接来自客户的故障申告。

故障信息获取后，维护人员对故障原因进行分析，判断各种原因导致故障的概率大小，并作为故障排除顺序的参考。

故障原因分析后，维护人员运用各种故障处理的方法，不断地排查非可能故障因素，最终确定故障发生的根本原因。

故障定位后，进入故障处理的最后阶段——故障排查，维护人员采用适当的步骤排查故障，恢复系统正常运行。

1. 应急故障处理的常用方法

1）告警和操作日志查看。

告警和操作日志查看是维护人员在遇到故障时最先使用的方法。主要通过网管的告警管理和操作日志查看界面来实现。

通过告警管理界面，可以观察和分析当前告警、历史告警和一般通知等各网元报告的告警信息，及时发现网络运行中的异常情况、定位故障、隔离故障并排除故障。

通过查看用户管理中的操作日志，可以追查系统参数的修改情况，定位相关的责任终端和操作人员，及时发现由于个人操作所引起的故障。

2）指示灯状态分析法。

指示灯状态分析是维护人员在遇到故障时经常使用的方法。它主要通过观察机架各单板面板的指示灯状态，来排除和判断故障位置。该方法要求维护人员熟悉各单板的指示灯状态及含义。

3）性能分析法。

主要通过网管的性能管理界面来实现。通过性能管理界面，维护人员可以实现性能管理、信令跟踪。

通过性能管理界面，用户可以创建各种性能测量任务，产生各种性能报表，了解系统的各种性能指标，通过分析这些信息，维护人员可以及时发现网络中的负载分配等情况，及时调整网络参数提高网络性能。通过信令跟踪界面，可以跟踪系统所涉及的信令，方便开局调试和维护过程中查阅各种信令流程，发现信令配合过程中的各种问题。

4）仪器、仪表分析法。

主要是指在设备维护过程中，维护人员使用测试手机、信令分析仪、误码分析仪等辅助仪器，进行故障分析、故障定位和故障排除。

5）插拔法和按压法。

最初发现某单板故障时，可以拧开前面板上的固定螺钉，插拔一下单板和外部接口插头，排除因接触不良或处理机异常产生的故障。断电后按压电缆接头的方法，也可以排除因接触不良所产生的故障。

6）对比法和互换法。

对比法是将可能发生故障的单板与系统中处于相似地位的单板（如多模块中的相同槽位的单板）进行比较，例如运行状态、跳线或连接线的比较。通过比较，可以判定单板是否发生了故障。

互换法是将可能发生故障的单板用备件或者是系统中正常运行的其他相同单板替换，根据故障是否消失来判定单板是否确实发生了故障。

7）隔离法。

当系统部分故障时，可以将与其相关的单板或机架分离，判断是否由于互相影响造成的故障。

8）自检法。

当系统或单板重新上电时，通过自检来判断故障。一般的单板在重新上电自检时，其面板上指示灯会呈现出一定的规律性闪烁，可以依此判断单板是否自身存在问题。

2. 基站设备的应急维护简要说明

1）在运行中通常可以通过以下几种方法来发现 eNodeB 的故障。

OMC 操作维护中心或 LMT 的告警。通过活动告警可以发现和硬件、电源、传输及环境相关的故障。

单板的指示灯状态。对于每个重要的单板模块都带有指示灯来显示其运行状态，因此可以通过指示灯的情况来判断硬件是否发生故障。

业务状况。有时可根据当前业务状况，如业务突然中断、终端无法接入等，来判断传输故障或其他故障。

2）eNodeB 设备应急维护的基本流程图，如图 7-1 所示。

3）应急维护基本流程说明。

通过 OMC/LMT/指示灯状态检测出故障，获得故障相关的信息，以便进行故障处理。

检查网络现行的业务是否受到影响，或无法进行业务，以确认该告警是否对系统造成影响。

根据 OMC/LMT 的信息以及对系统业务的影响判定是否有必要是否进行本地应急维护，对 eNodeB 进行本地故障清除。

保存相关的工作日志，当运营维护人员根据现象判断需要作出相应的应急维护后，需要对当前的各种 log 文件（包括操作 log、告警 log 等）进行保存。

可根据设备手册所提供的应急处理分析，初步确定故障发生的可能原因，并定位出故障所在。

根据设备手册给出的建议应急处理方案，客户可自行解除故障恢复业务。

观察 eNodeB 是否恢复正常，可通过观察 OMC/LMT 相关告警，以及各板卡运行状态来判定 eNodeB 是否已经恢复正常。如果没有，则可根据现象重新判断，选择其他处理方法，或者尽快与设备商联系，请相关的技术支持工程师解决问题。

不管故障是否清除成功，在做完应急处理后将相关的故障或告警信息、日志记录以及所做的相关操作进行保存记录。

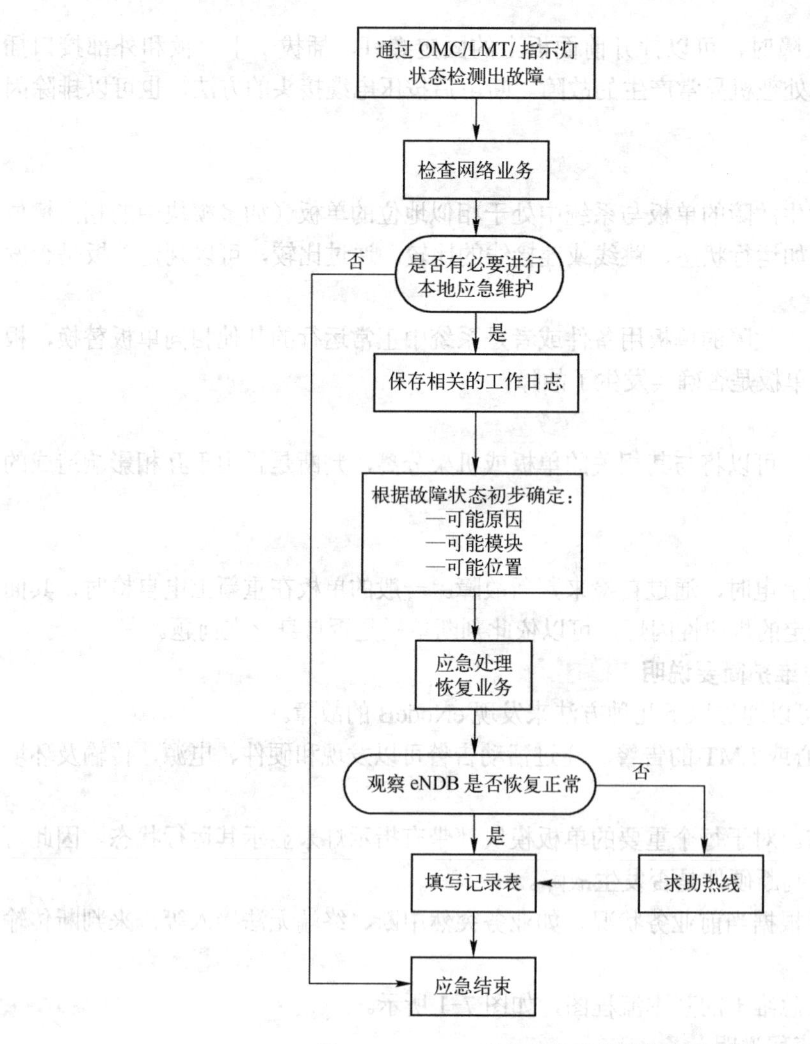

图 7-1　eNodeB 设备应急维护的基本流程图

7.4 任务实施

任务实施需要学生完成以下内容：

1）能执行例行维护，完成相关记录表。

2）能执行应急故障维护，并进行记录。

3）撰写项目总结报告。

7.5 成果验收

7.5.1 验收方式

项目完成过程中应提交以下报告。

- 工作计划书
  - ➢ 计划书内容全面、真实，应包括项目名称、项目目标、小组负责人、小组成员及分工、子任务名称、项目开始及结束时间及项目持续时间等。
  - ➢ 计划书中附有项目进度表，项目验收标准。
- 项目工作记录单
  - ➢ 例行维护过程。
  - ➢ 应急故障维护过程。
  - ➢ 记录表。
- 项目总结报告
  - ➢ 报告内容全面、条理清晰，包括：项目名称、目标、负责人、小组成员及分工、用户需求分析、安装调试过程及测试记录等。
  - ➢ 能够对项目完成情况进行评价。
  - ➢ 根据项目完成过程提出问题及找出解决的方法。

7.5.2 验收标准

验收标准见表 7-12。

表 7-12 验收标准

验收内容		分值	自我评价	小组评价	教师评价
工作计划		5			
项目工作记录单	例行维护过程	30			
	应急故障维护过程	30			
安全文明生产	安全、文明的操作	4			
	有无违纪和违规现象	3			
	良好的职业操守	3			
学习态度	不迟到，不缺课，不早退	4			
	学习认真，责任心强	3			
	积极参与完成项目	3			
项目总结报告	对项目完成情况进行评价	10			
	提出问题及找出解决的方法	5			
自我，小组，教师评价分别总计得分					
总分					

7.6 思考与练习

1. 执行日例行维护，完成日维护记录例表，见表 7-11。
2. 故障处理一般包括哪几个阶段?
3. 应急故障处理的常用方法有哪些?

4．执行应急故障维护，故障处理记录表见表 7-13。

表 7-13　故障处理记录表

<table>
<tr><td colspan="4">故障处理记录表</td></tr>
<tr><td>站点名称</td><td></td><td>日期</td><td></td></tr>
<tr><td>值班人</td><td></td><td>处理人</td><td></td></tr>
<tr><td>故障发生时间</td><td></td><td>解决时间</td><td></td></tr>
<tr><td>故障类型</td><td colspan="3">□硬件故障　□供电异常故障
□传输异常故障 □环境异常故障
□数据修改故障 □接口板故障
□其他故障:</td></tr>
<tr><td colspan="4">故障发生可能原因</td></tr>
<tr><td colspan="4">详细描述故障信息</td></tr>
<tr><td colspan="4">处理方法及结果</td></tr>
</table>

参 考 文 献

[1] 中国通信建设集团设计院有限公司. LTE 组网与工程实践[M]. 北京：人民邮电出版社，2014.

[2] 王映民. TD-LTE 技术原理与系统设计[M]. 北京：人民邮电出版社，2010.

[3] 尹圣君，钱尚达，李永代（YoungDae Lee）. LTE 及 LTE-Advanced 无线协议[M]. 张鸿涛，等译. 北京：机械工业出版社，2015.

[4] 陈宇恒，肖竹，王洪. LTE 协议栈与信令分析 [M]. 北京：人民邮电出版社，2013.

[5] 杨丰瑞，文凯，吴翠先. LTE/LTE-Advanced 系统架构和关键技术[M]. 北京：人民邮电出版社，2015.

[6] 中兴通讯. ZXSDLVBOX 实习指导手册 [R]. 中兴通讯股份有限公司，2013.

[7] 中兴通讯. TD-LTE 分布式基站安装指导-56 [R]. 中兴通讯股份有限公司，2014.

[8] 华为通信. LTEStar V100R005C01 操作指导书[R]. 华为技术有限公司，2012.

精品教材推荐

CPLD/FPGA 应用项目教程

书号：ISBN 978-7-111-50701-7
定价：35.00 元　　作者：张智慧
推荐简言：
☆ 9 个典型任务实施，逐步掌握硬件描述语言和可编程逻辑器件基本设计方法
☆ 结合硬件进行代码调试，全面理解 CPLD/FPGA 器件的开发设计流程
☆ 多个实践训练题目，在"做中学、学中做"中培养 EDA 核心职业能力

太阳能光伏组件制造技术

书号：ISBN 978-7-111-50688-1
定价：29.90 元　　作者：詹新生
推荐简言：
☆江苏省示范性高职院校建设成果
☆校企合作共同编写，与企业生产对接，实用性强以实际太阳能光伏组件生产为主线编写，可操作性强
☆采用"项目-任务"的模式组织教学内容，体现"任务引领"的职业教育教学特色

西门子 S7-300PLC 基础与应用 第 2 版

书号：ISBN 978-7-111-50675-1
定价：35.00 元　　作者：吴丽
推荐简言：
☆语言简捷、通俗易懂、内容丰富
☆实用性强、理论联系实际，
☆每章有相关技能训练任务，
☆突出实践技能和应用能力的培养

电工电子技术基础与应用

书号：ISBN 978-7-111-50599-0
定价：45.00 元　　作者：牛百齐
推荐简言：
☆内容编写条理、理论分析简明，通俗易懂，方便教学。
☆注重技能训练，突出知识应用，结构完整，选择性强。
☆简化了复杂理论推导,融入新技术、新工艺

S7-300 PLC、变频器与触摸屏综合应用教程

书号：ISBN 978-7-111-50552-5
定价：39.90 元　　作者：侍寿永
推荐简言：
以工业典型应用为主线，按教学做一体化原则编写。通过实例讲解，通俗易懂，且项目易于操作和实现。知识点层层递进，融会贯通，便于教学和读者自学。图文并茂，强调实用，注重入门和应用能力的培养。

电力电子技术　第 2 版

书号：ISBN 978-7-111-29255-5
定价：26.00 元　　作者：周渊深
获奖情况：普通高等教育"十一五"国家级规划教材
推荐简言：本书内容全面，涵盖了理论教学、实践教学等多个教学环节。实践性强，提供了典型电路的仿真和实验波形。体系新颖，提供了与理论分析相对应的仿真实验和实物实验波形，有利于加强学生的感性认识。

精品教材推荐

工厂电气控制与PLC应用技术

书号：ISBN 978-7-111-50511-2

定价：39.90 元　　作者：田淑珍

推荐简言：

讲练结合，突出实训，便于教学；通俗易懂，入门容易，便于自学；结合生产实际，精选电动机典型的控制电路和PLC的实用技术，内容精炼，实用性强。

物联网技术应用——智能家居

书号：ISBN 978-7-111-50439-9

定价：35.00 元　　作者：刘修文

推荐简言：

通俗易懂，原理产品一目了然。内容新颖，实训操作添加技能。一线作者，案例讲解便于教学。

单片机与嵌入式系统实践

书号：ISBN 978-7-111-50417-7

定价：37.00 元　　作者：李元熙

推荐简言：

采用先进的工业级单片机芯片（飞思卡尔S08系列）。“理实一体化”的实践性教材。深入、全面的给出工程应用的大量实例。丰富完善的“教、学、做”资源。

变频技术原理与应用 第3版

书号：ISBN 978-7-111-50410-8

定价：29.90 元　　作者：吕汀

推荐简言：

变频技术节能增效，应用广泛。学习变频技术，紧跟科技进步。图文并茂，系统、简洁、实用。

Verilog HDL与CPLD/FPGA项目开发教程

书号：ISBN 978-7-111-31365-6

定价：25.00 元　　作者：聂章龙

获奖情况：高职高专计算机类优秀教材

推荐简言：

本书内容的选取是以培养从事嵌入式产品设计、开发、综合调试和维护人员所必须的技能为目标，可以掌握CPLD/FPGA的基础知识和基本技能，锻炼学生实际运用硬件编程语言进行编程的能力，本书融理论和实践于一体，集教学内容与实验内容于一体。

EDA基础与应用 第2版

书号：978-7-111-50408-5

定价：26.00 元　　作者：于润伟

推荐简言：

标准规范的VHDL语言；应用广泛的QuartusⅡ软件；采用项目化结构、任务式组织；配套精品课、教学资源丰富。